機械システム入門シリーズ

11

ロボティクス入門

宮崎文夫・升谷保博・西川　敦 著

共立出版株式会社

「機械システム入門シリーズ」刊行に当たって

社会のソフト指向，高度技術の進展，創造的基盤技術の展開に対する要請など，工学技術教育を取り巻く環境が変遷している．機械工学の教育も境界領域分野を取り込みながら新しい編成が試みられている．

本シリーズは，これらの要請に応え，新時代の大学・高専等における機械工学の基礎教育に対する入門書を編集することを目的とした．そのため，新しい機械系学科のカリキュラム編成を考慮しながら，情報・コンピュータ，新素材，メカトロニクス，バイオエンジニアリング，応用システムなどの関連分野を包含したものになっている．

大学・高専等の機械系，構造系，システム系学科の学生，および高度技術時代における初級のエンジニアを読者として想定した．各冊とも入門的に学べるよう基礎的事項の習得を第一に考慮して内容を構成し，例題と演習も適切に挿入しており，専門基礎課程のテキストとして，あるいは参考書・自習書として活用していただくことを期待している．

編集委員

室津義定　大阪府立大学名誉教授 工学博士
中村育雄　名古屋大学名誉教授 工学博士
大場史憲　広島大学教授 工学博士
瀬口靖幸　元 大阪大学教授 工学博士

まえがき

本書は，著者が大阪大学基礎工学部で行ってきた講義に基づき，大学の理工系学部、高等専門学校におけるロボティクスの入門書あるいは教科書としてまとめたものである．ロボティクスに関連した良書はこれまでにも数多く出版されているが，もともと多分野にまたがる学際的な科学技術であるため，それらのほとんどが分野を限定して体系化を試みたものとなっている．一方，近年のロボットのレベルアップはめざましく，多分野を総合したシステムとして実現されるロボットも珍しくない．このような状況では，入門者といえども，まずその全体像をつかむことが必要である．

本書では，ロボティクスの全体像を把握しやすくするために，ロボットが遂行することのできる作業（タスク）を基本タスクに分解し，基本タスクを実現するために必要な最も基本的でかつ重要な考え方を分野を横断して詳しく記述するスタイルを採用した．基本タスクとしてマニピュレーション，移動，センシングの３種を取り上げるとともに，われわれ人間も日常的に行う身近な事例を対象として問題を提示し，その解法を示す形でロボティクスの基礎事項が自然に理解できるように記述することを心がけた．また，専門的な予備知識としては一般教育の力学や解析学，線形代数程度を前提とし，これらの知識で十分理解できるよう工夫した．同時に，煩雑な数式処理を必要とする説明は極力避けた．この結果，他書では取り上げられている事項を割愛したところもあるが，これも全体像を見失わないようにするためである．

ロボティクスはロボットを実現し利用するための方法論であるが，同時にわれわれ自身を理解するためのツールにもなり得る．人間の日常生活を可能にしている身体の機能は未だにその全体像がつかめていないが，人間のシミュレータとしてのロボットを通して全体像に迫ることができるかも知れない．本書がこのような別の観点からロボティクスを捉え直す機会を与えるものであることも願っている．

本書をまとめるに当たり，多くの方々から直接，あるいは書物を通じてたくさんの教示を受けた．心から感謝の意を表したい．

2000 年 9 月

著　者

目　　次

1章　人間とロボット

2章　マニュピレーションI

— 位置の運動学 —

3章　マニピュレーションII

— 速度の運動学 —

4章　マニピュレーションIII
— 静力学 —

5章　運動制御

6章　移　　動

7章　センシング
— 画像処理の基礎 —

1　人間とロボット

われわれは，さまざまな科学技術の恩恵を受けて日常生活を送っている．最も身近な産物である自動車は，人間の移動や搬送の能力を格段に向上させる．また航空機やロケットは，人間が本来もち合わせていない飛行の能力を与えてくれる．コンピュータは，人間の能力ではとうてい及ばない膨大な計算処理を可能にしている．このように，科学技術が生み出した工業製品の多くは限定した機能において人間を凌ぐ能力をもっており，またわれわれも，その能力を利用して自分自身の能力を拡大している．一方，同じ科学技術の産物であるロボットは，人間の能力の拡大をはかるというよりも人間の行う作業（**タスク**）を代行するという点に大きな特長があり，実際に従来人間が行ってきたさまざまな単純作業に利用されている．これは，ロボットが人間の感覚・神経・頭脳・筋肉・骨格などの機能を代行する要素から構成されているからであり，ロボットが人間に代わって実行できるタスクの種類も次第に増えつつある．

本章では，人間とロボットの似通った点あるいは異なる点について概観した後，現在工場内で活躍しているロボットがこなしている代表的なタスクを紹介し，ロボットが実行できる最も基本的なタスクとして整理する．これらは，いい換えれば，われわれ人間が日常行っているさまざまなタスクの一部に他ならない．

1.1　人間とロボット

ロボットに対して抱くイメージは人によって大きく異なるであろう．組立や溶接を行う産業用ロボットを思い起こす人もあるだろうし，アニメーションの世界で活躍するロボットをイメージする人もいるであろう．いずれにしても，われわれ人間が太古の昔から抱き続けている「ひとりでに動くものを創り出したい」という素朴な夢の産物と考えられる．現在のような産業用ロボットが世に現れたのはほんの数十年前のことであり，1961 年にユニメートと呼ばれるロボットの実用機がコンピュータや半導体の技術に支えられて誕生した．しかし，ひとりでに動く自動機械の歴史は古く，紀元前後のギリシャ時代にはすでに図 1.1 のような聖水の自動販売機が考案されていた．また 17～18 世紀になると，

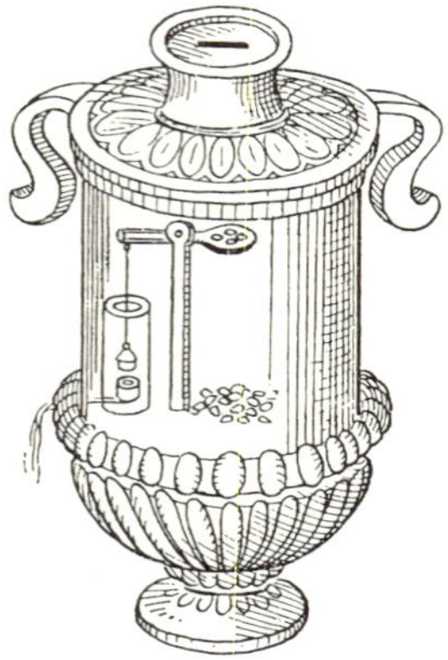

図 1.1　ヘロンの聖水自動販売機[1)]

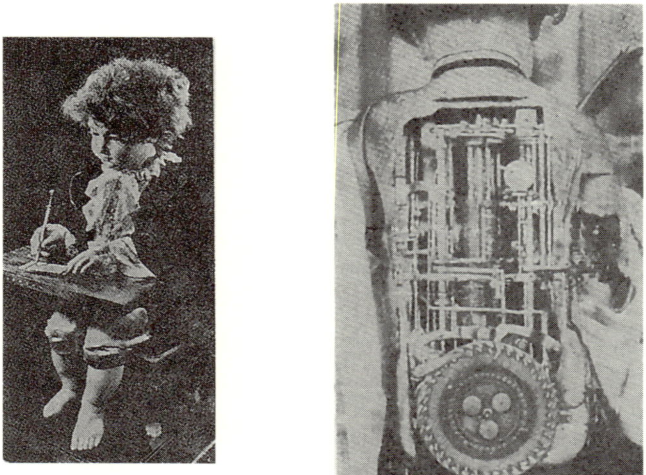

図 1.2　ジャケードロスの筆写人形（Chapuis-Droz より）[2)]

人体は骨，筋肉，神経，動・静脈からなる自動機械とする人間機械説など従来の人間観や生命観と異なる見方が広まり，自動仕掛けの動物や人形が創られた．図1.2は，ゼンマイと歯車仕掛けで字を書く精巧な人形である．これらの過去に創られた自動機械は，いずれも自動性を有するシステムに共通した3つの要素である**知覚**（sense），**意図**（decide），**動作**（act）の機能をメカニズムによって実現していた．ギリシャ時代の自動販売機の例では，投入された貨幣の重さを知覚し，てこの原理に従って弁の開閉を意図し，最終的に一定量の水を供給する（動作）．また，内蔵したドラム上の凹凸パターンで動作を自由に変えることのできる図1.2の人形の例では，さらに**記憶**要素が組み込まれている．人間をはじめとする生物も，システムとして見れば，まさにこれらの要素から成り立っているものと考えられる（図1.3参照）．環境や体内の状態変化を受容器で知覚し，その変化に応じた反応を引き起こす（動作）ために，受容器から得られた信号を記憶した情報を利用しながら脳内で処理する（意図）．

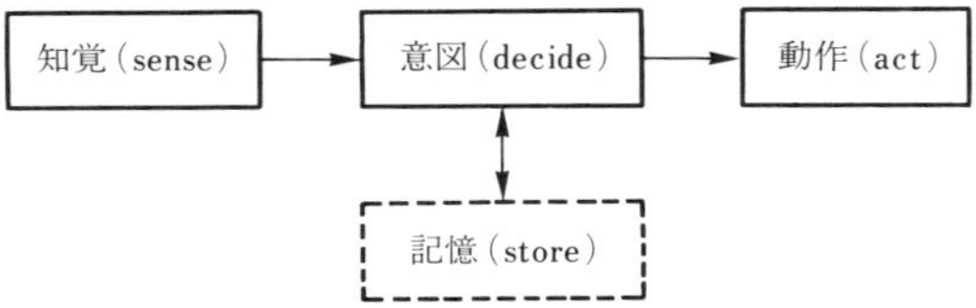

図 1.3　人間をはじめとする生物の機能（ロボットも同様の機能を備えている）

機能の点で人間を模したロボットももちろん同様の要素を備えている．人間と同様のタスクをこなすために，知覚した信号を適切な動作に焼き直す手続き（意図）がプログラムされる．ロボットはあくまでも人間を模擬したものであるから，このプログラムを人間の脳内情報処理と直接結び付けることはできない．しかし，タスクそのものは同一の物理現象に他ならないから，情報の処理内容には共通した要素が多く含まれているものと考えられる．以下の章では，われわれが日常生活の中で何気なく行っているタスクを例にとり，ロボットに行わせる場合に必要となる知覚した信号の処理プロセスの基本的な考え方について説明するが，人間の脳内情報処理と関連させて理解されることを望む．

1.2　人間とロボットの類似性と相違点

さまざまな工場の生産ラインで組立，溶接，塗装などの作業を実行しているロボットは，人間の上肢の機能を代行するものであるが，ロボットを構成する要素を見てみると，人間と異なる点や類似した点のあることがわかる．ここでは，まずメカニズムの点から両者を比較してみよう．図1.4は，組立によく用いられる代表的な関節型ロボットのメカニズムであり，図1.5は，人間の上肢のメカニズムを模式的に表している．

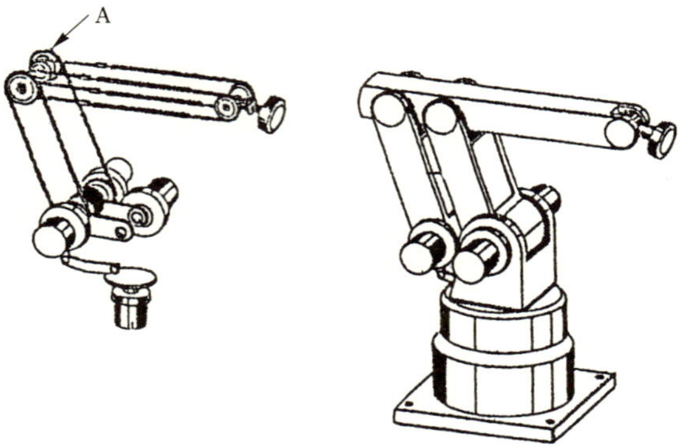

図 1.4　代表的なロボットのメカニズム（日立プロセスロボット）

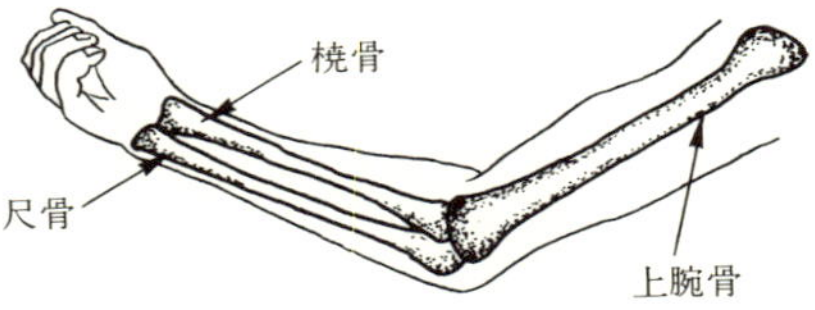

図 1.5　人間の上肢のメカニズム

まず骨格部分を見ると，金属やカーボンファイバーを主材料とするロボットに対し，人間の骨格はたえず新陳代謝をする骨からできている．骨は，剛性とじん性を兼ね備えた優れた材料であるとともに，再生能力を備えている点で，ロボットの骨格材料と大きく異なる．一方，人間の上肢を形成する関節の構造はきわめてメカニカルであり，ロボットの関節 A（図 1.4）に相当する肘の関節における上腕骨と尺骨は，中心溝をもった滑車の形をしている（図 1.6(a), (b) 参照）．また，双方の関節面が約 45° の角度で前方に張り出していることにより，図(c)～(e)に示されるような広い可動範囲をもつ．

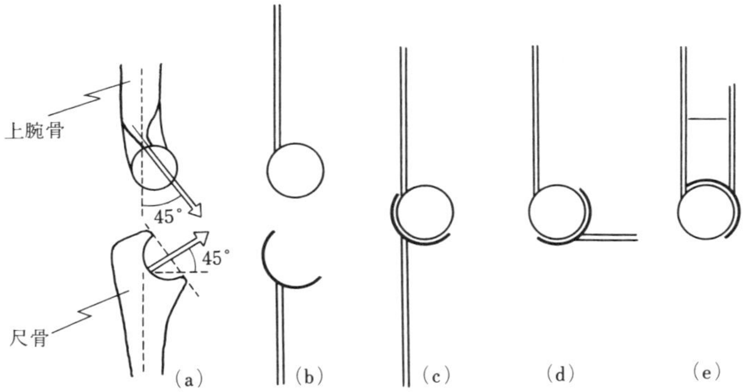

図 1.6　肘関節における上腕骨と尺骨の連結[3)]

次に関節を駆動するアクチュエータであるが，ロボットの場合，油圧，空気圧あるいは後述する電動モータなどを用途に応じて使い分けているのに対して，人間の関節では，すべて骨格筋によって駆動される．この骨格筋の内部構造は図 1.7 のようになっており，基本的には平行に並んだ 2 種の筋フィラメントからなる筋繊維で構成されている．筋収縮時には，筋繊維の基本要素（筋節）を図示した図 1.8 のように，アクチンフィラメントがミオシンフィラメントの間に滑り込んで筋力を発生する．筋節の長さは一般に最大で約 50 %短縮するが，

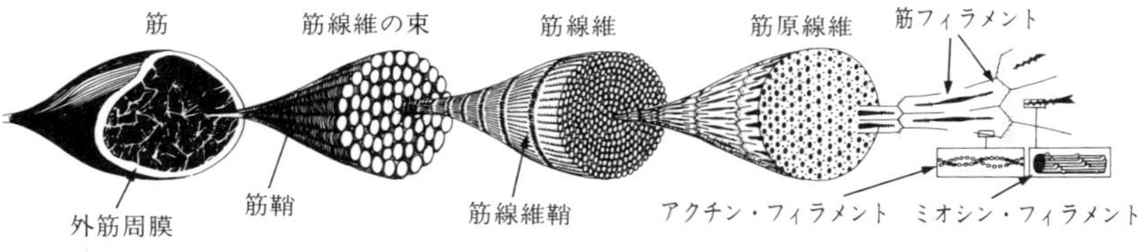

図 1.7　骨格筋の内部構造[4)]

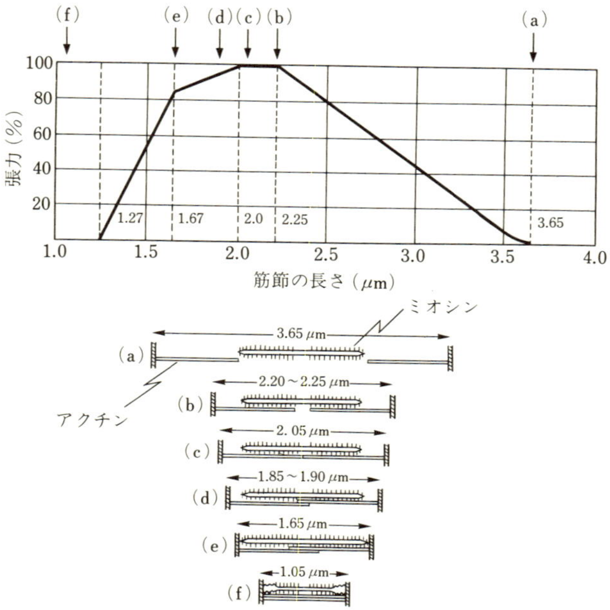

図 1.8 筋節の張力-長さ関係（上）とフィラメントの相互関係（下）（A. F. Huxley, 1965）[5)]

このときに発生する筋力は小さく，筋節が伸びるに従って筋力は増大する．この自己保存的な特性は，電動モータなどの通常のアクチュエータに見られない筋肉の特徴の１つである．

次に，アクチュエータの駆動力が関節軸に伝達される機構について述べる．ロボットの伝達機構は，関節軸にアクチュエータ軸が直結される**直接伝達方式**と各種歯車やベルト・チェーンなどを介して駆動力が伝達される**間接伝達方式**に大別される．図 1.4 のロボットの関節 A では，離れたところに配置されたアクチュエータからチェーンを介して駆動力が伝達されているから，間接伝達方式に対応する．直接伝達方式は，間接伝達方式に比べて伝達ロスが小さく構造もシンプルであるが，反面機構的な制約が大きい．人間の場合，筋肉の収縮力は腱を介して骨格に伝えられ，その結果として関節トルクが生成される．伝達の形式はワイヤによる間接伝達方式に相当するが，１つの関節を駆動するために多くの筋肉が使われる．肘を屈曲するための主要な筋（屈筋）は，図 1.9 のように3種類ある．1，2の筋は，肘関節をはさんで上腕と前腕の間に収縮力を発生する．これに対して3の筋は，肩甲骨のP点付近から2つの部分（3′，3″）に分かれ，前腕につながって収縮力を発生する．このような複数の関節にまたがって機能する筋は**二関節筋**と呼ばれ，複数の関節の運動に影響を及ぼす．人体にはこのような二関節筋が少なからず存在する．一方，肘を伸展させるための主要な筋（伸筋）は1種類であるが，図1.10のように肘の先端Qから3つの部分（1，2，3）に分かれ，1，2は上腕に，3は肩甲骨につながる二関節筋となっている．

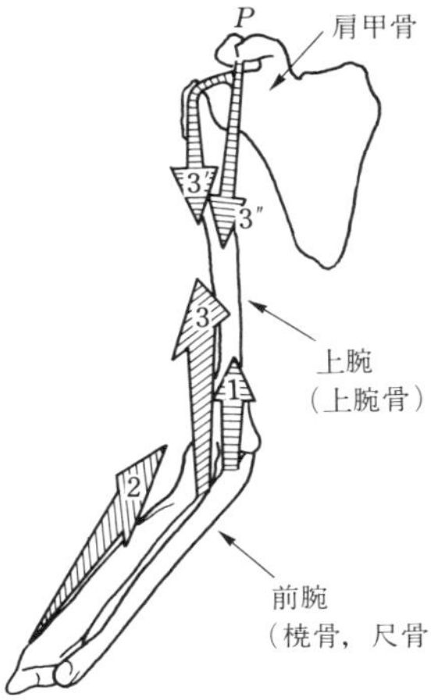

図 1.9　肘の屈筋[6)]

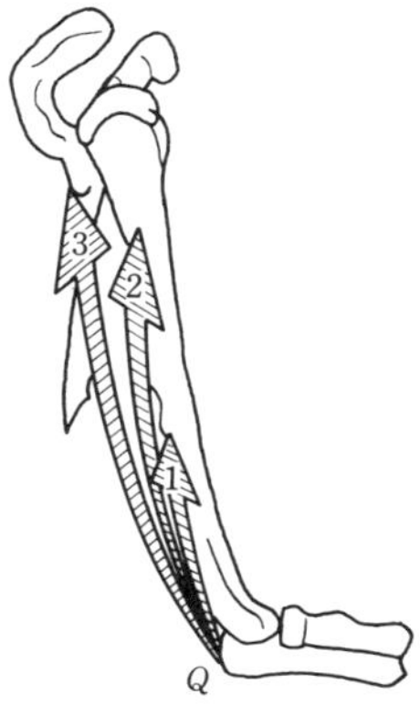

図 1.10　肘の伸筋[7)]

さて，関節トルクの発生源であるアクチュエータを駆動させ多数の関節を同時に動かすと，ロボットや人間は何らかの動作を行う．これが合目的な動作となるためには，各アクチュエータは適切な駆動力をタイミングよく生成しなければならない．ロボットのアクチュエータでは，図1.11のようなフィードバック制御系（**サーボ系**）を構成し，アクチュエータの変位あるいは変位速度がホストコンピュータで決めた目標にできるだけ一致するよう制御されている．回転型アクチュエータの場合，**エンコーダ**と呼ばれるセンサを用いて検出される角度変位やその時間変化率を目標角度あるいは目標角速度と比較し，コントローラを介してアクチュエータの駆動トルクを調整する．ホストコンピュータは，

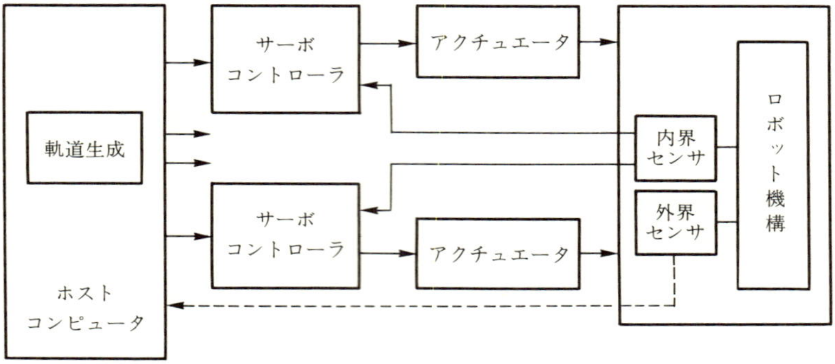

図 1.11　ロボット制御システム

ロボットが目的にかなった動作をするように各アクチュエータの駆動パターンを決定し，各コントローラへ角度や角速度の目標値として指令信号を送出する．

一方，随意運動時の人間の骨格筋では，図 1.12 のように筋の長さを検出するセンサの役割をする筋紡錘や腱紡錘から発される信号が脊髄にフィードバックされ，脳の上位中枢から与えられる指令信号と比較処理された後，α 運動ニュー

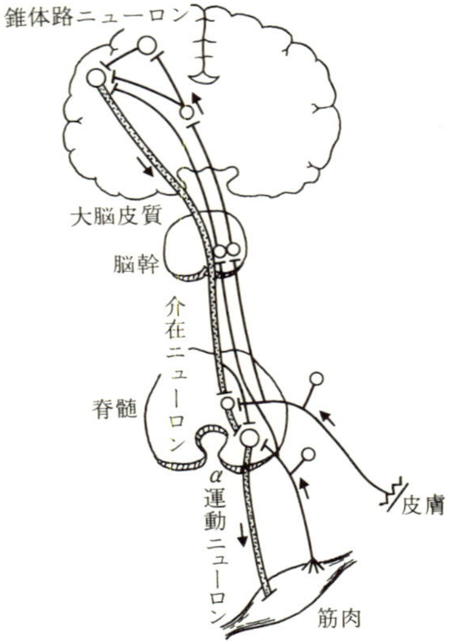

図 1.12　人間の運動制御系の模式図[8)]

ロンを介して再び骨格筋に与えられる．これらの信号の流れを図示すると図 1.13 のようになる．ロボットと人間を比較すると，各要素は異なるものの，いずれも典型的なサーボ系を成しており，ホストコンピュータ⇔脳，コントローラ⇔脊髄，アクチュエータ⇔骨格筋，センサ⇔筋紡錘・腱紡錘などの対応づけができることがわかる．

ところで，ロボットには上記のエンコーダ以外にもさまざまなセンサが用いられており，分類すると以下のようになる．

① **内界センサ**（internal sensors）

関節の変位や速度，場合によってはトルク（力）などを短いサンプリング周期で計測するセンサであり，関節を駆動するサーボ系へのフィードバック信号を生成する．

② **外界センサ**（external sensors）

外界からの刺激を知覚するためのセンサであり，近接センサや視覚センサなどの非接触型とタッチセンサなどの接触型がある．

外界センサで得られる情報もロボットの動作にフィードバックされるが，フィードバックのループ（閉回路）は通常，図 1.11 の点線で示されるように内界

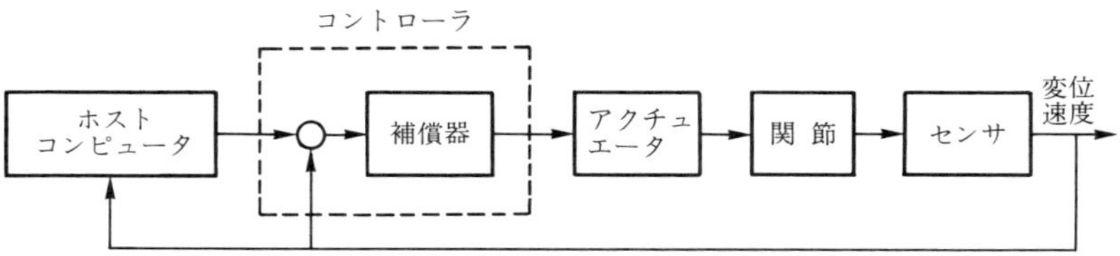

（a）ロボットの運動制御系

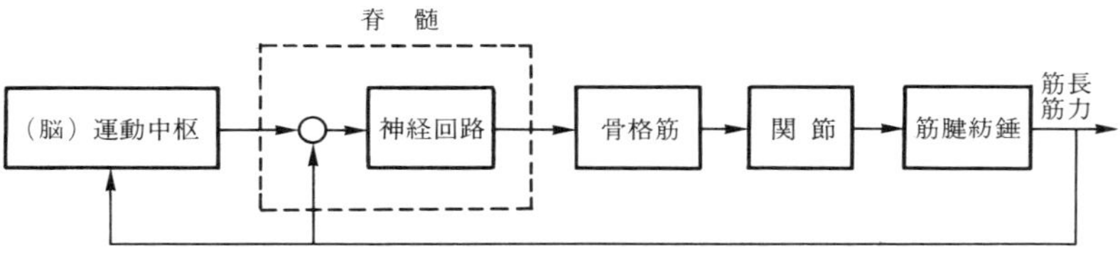

（b）人間の運動制御系

図 1.13

センサを用いたサーボ系を取り囲む形で構成される．この二重のフィードバック制御系によって，たとえば，視覚センサで対象物体が認識されれば，それを手先で取り上げるための関節軌道が外側のループで生成され，内側のループのサーボ系がその軌道に沿って関節を駆動する．

人間の場合は，外界および内界の刺激を検出する感覚受容器は多種多様であり詳細は専門書にゆずるが，ここでは外界の刺激を視覚的にとらえる眼について，ロボットで用いられるカメラと比較してみよう．図 1.14 は，人間の眼の構造を表している．部品としても機能としてもカメラによく似ており，水晶体⟷レンズ，瞳⟷絞り，網膜⟷光電変換素子（フィルム）のように対応している．ただし焦点合わせの方法は，カメラではレンズとフィルム間の距離を，眼では水晶体の厚さを変化させている．また細かく見ると，フィルムの受光特性が空間的に均一なのに対して網膜は不均一であり，中心窩と呼ばれる網膜の中心部で最も分解能が高く，そこからはずれると急激に低下する．

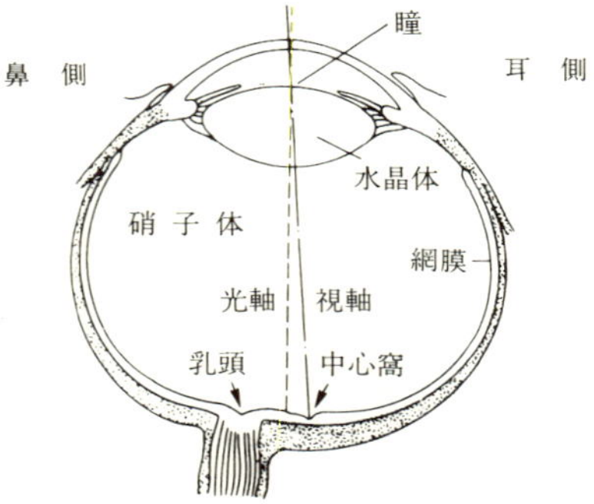

図 1.14　人間の眼の構造[9)]

1.3　タスクの分類

人体の最大の特徴は二足歩行といわれる．二足歩行そのものは他の動物も時として行うが，上肢を歩行動作から完全に解放し，自由自在に動く構造と機能を獲得した動物は，人間だけである．この上肢と下肢の完全な機能分離が，さまざまな道具を創り出しそれらを使いこなす能力を開花させた．道具は人間の既存の能力を拡大・向上させるものであり，他のいかなる動物よりも速く移動したり大きな力を発揮したり，また多種多様な環境情報を獲得する能力をわれわれに提供する．

さて，従来の道具とは，ある特定の作業（タスク）に対する人間の能力の拡大・向上を目的とするものであった．大工道具は，個々の材料に応じた加工や組立を目的とするもので，目的にかなった道具を使用しなければ本来の効果は期待できない．一方，人間のもっている機能の拡大・向上よりも，むしろタスクそのものの代行を目的とする道具という発想からロボットが出現した．人間はさまざまなタスクが実行できるわけであるから，図 1.15 に示された似通った機能要素からなるロボットにも同様のタスク遂行能力が期待されることになる．さまざまな産業用途に利用されるようになったロボットの代表的な適用例を整理すると以下のようになる．

① 材料搬送：供給部品をある場所から別の場所へ搬送するタスク

② 溶接，塗装，コーティング：作業対象物に対して決められたパターンで

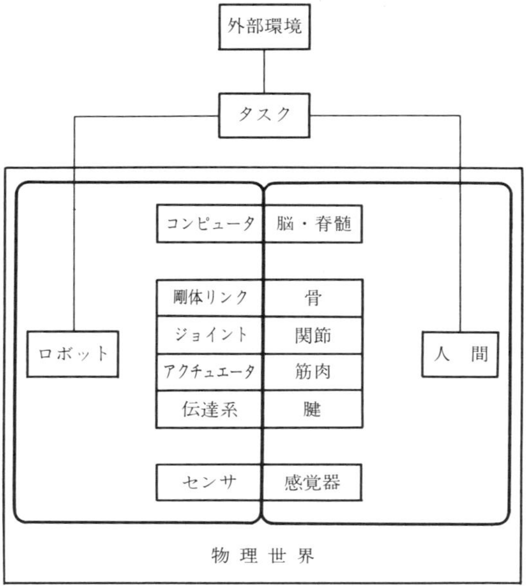

図 1.15　タスクを介した人間とロボットの関係

溶接や塗装などを行うタスク

③　機械加工：バリ取りや研磨などを行うタスク

④　組　立：製品を組み立てるタスク

⑤　検　査：製品のでき具合いを検査するタスク

図1.16は，これらの中の④について，複数のロボットが製品を組み立てる模様を表したものである．ロボットがこのようにさまざまなタスクに用いられるのは，次のような機能をもっていることによる．

①　移動・搬送：対象物をある場所から別の場所へ移動させる機能

②　マニピュレーション：溶接ロボットのように，ツールの位置や姿勢を自由自在に変化させる機能

③　センシング：人間の視覚や触覚に相当するセンサによって，対象物との相対距離や接触力などの環境情報を取得できる機能

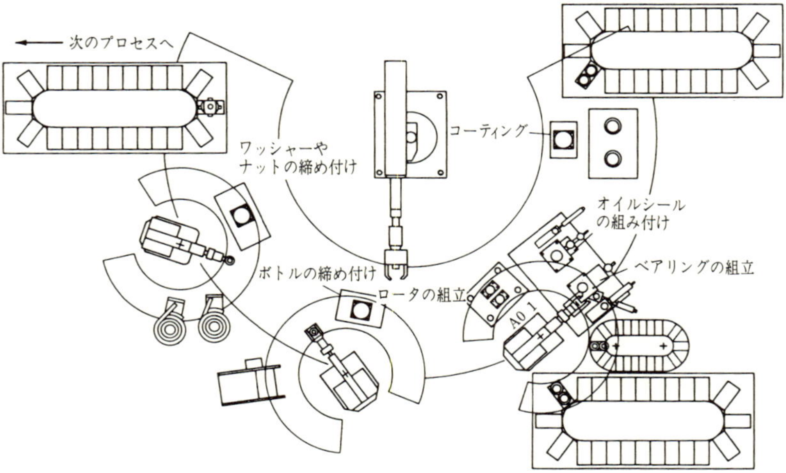

図 1.16　複数のロボットによる製品の組立[10)]

これらの機能を組み合わせれば，人間と同じようなタスクが実行できる．ロボットではこれらの機能をどのようにして実現しているのか，またこれらの機能をどのように組み合わせてタスクを実現するのかについて，次章から詳しく説明する．2章から4章までは，手を使って対象物を操作するマニピュレーシ

ョンの機能を実現するために必要な考え方を述べる．これらをロボットに適用するときに直面する運動制御の問題については5章で説明する．また6章では人間の下肢の機能に対応する移動の実現方法について述べ，7章では代表的なセンシングとして視覚を取り上げ，画像処理の基礎を説明する．

2　マニピュレーションⅠ
― 位置の運動学 ―

われわれが日常何気なく行っているタスクの中で最も基本となるのが物体を取り上げるタスクであろう．ここでは，図 2.1 に示した「テーブルの上に置かれた物体を把持する」タスクを例にとり，このタスクをロボットが実行するときにどのような情報が必要となり，またそれをどのようにして得るのかについて考えてみよう．

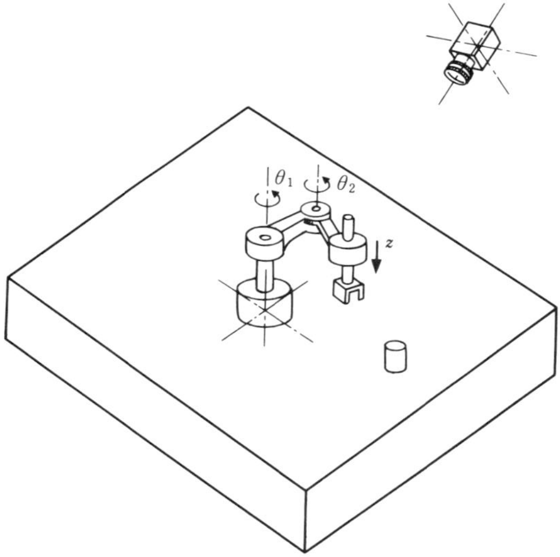

図 2.1　（タスク例 1）「テーブルの上に置かれた物体を把持する」

まず前提として，テーブル上の対象物体の 3 次元位置は視覚システムによって精度良く計測できるものとする．また，ロボットの各関節は理想的なサーボ系によって駆動されており，サーボ系の目標入力のとおりに各関節が動作するものとする．このタスクを実行する上で最も重要な課題は，ロボットの手先を物体を把持する位置まで移動させることである．この課題をさらに整理すると，次の 2 つの問題に至る．

① 視覚システムがとらえた物体の把持位置をロボットの目標手先位置に焼き直すにはどうすればよいか

② ロボットが目標手先位置に手先を移動させるには，各関節角度をどのように決めればよいか

①は複数の座標系間の変換問題であり，②は複数の剛体リンクから構成されるロボット固有の運動学的な問題である．

2.1 座標変換

2.1.1 2つの座標系間の関係

ロボットと視覚システムには，図2.2のような直交座標系 Σ_A，Σ_B が設定されているものとする．

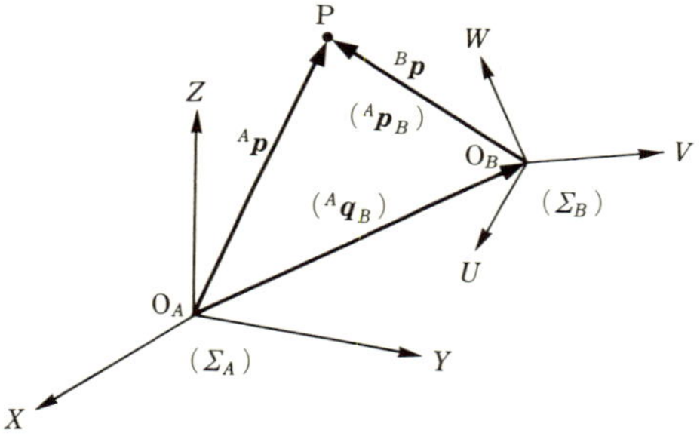

図 2.2 2つの座標系による点Pの表現

物体の把持位置Pを視覚座標系 Σ_B とロボット座標系 Σ_A でそれぞれ

$$ {}^B\boldsymbol{p} = \begin{bmatrix} u \\ v \\ w \end{bmatrix} \qquad {}^A\boldsymbol{p} = \begin{bmatrix} x \\ y \\ z \end{bmatrix} \tag{2.1} $$

と表せたとしよう．なお，左上付き添字 A，B はそれぞれのベクトルが座標系 Σ_A，Σ_B で表されていることを示す．以後，ベクトルはこの記法に従って表すものとする．このとき，点Pを視覚座標系 Σ_B で表現したベクトル ${}^B\boldsymbol{p}$ をロボット座標系で表現し，${}^A\boldsymbol{p}_B$ と書くことにすると，点Pに関して

$$ {}^A\boldsymbol{p} = {}^A\boldsymbol{q}_B + {}^A\boldsymbol{p}_B \tag{2.2} $$

の関係を得る．ここで，${}^A\boldsymbol{q}_B$ は，Σ_B の原点の位置ベクトルを Σ_A で表したベクトルを意味する．${}^A\boldsymbol{p}_B$ は Σ_B の各軸上にとった単位ベクトル（方向余弦）${}^A\boldsymbol{n}$，${}^A\boldsymbol{t}$，${}^A\boldsymbol{b}$ を用いて

$$ {}^A\boldsymbol{p}_B = u\,{}^A\boldsymbol{n} + v\,{}^A\boldsymbol{t} + w\,{}^A\boldsymbol{b} \tag{2.3} $$

のように書け，さらに

$$ {}^AR_B = [{}^A\boldsymbol{n} \ \ {}^A\boldsymbol{t} \ \ {}^A\boldsymbol{b}] \tag{2.4} $$

と置くことによって

$$ {}^A\boldsymbol{p}_B = {}^AR_B \ {}^B\boldsymbol{p} \tag{2.5} $$

と表現できる．式（2.4）で定義される行列 ${}^AR_B$ は座標系 Σ_B の座標系 Σ_A に対する姿勢を表しており，**回転行列**と呼ばれる．式（2.5）を使って，式（2.2）を書き直すと

$$ {}^A\boldsymbol{p} = {}^A\boldsymbol{q}_B + {}^AR_B \ {}^B\boldsymbol{p} \tag{2.6} $$

となる．これは，2つの座標系で表現された点Pの位置ベクトルの関係を表しており，座標変換問題の最も基本となる関係式に他ならない．この章で取り上げたタスクを実現するための第1の問題に立ち戻って考えると，視覚システムがとらえた物体の把持位置 ${}^B\boldsymbol{p}$ は，式（2.6）によってロボットの目標手先位置に焼き直せることがわかる．ただし，2つの座標系の間の関係，すなわち原点間の相対ベクトル ${}^A\boldsymbol{q}_B$ および回転行列 ${}^AR_B$ をあらかじめ決めておく必要がある．

2.1.2 回転行列

回転行列 ${}^AR_B$ は，式（2.4）のとおりその各列ベクトルが座標系 Σ_B の各軸の単位ベクトルを表していることから

$$ ({}^AR_B)^T \ {}^AR_B = \begin{bmatrix} {}^A\boldsymbol{n}^T \\ {}^A\boldsymbol{t}^T \\ {}^A\boldsymbol{b}^T \end{bmatrix} [{}^A\boldsymbol{n} \ \ {}^A\boldsymbol{t} \ \ {}^A\boldsymbol{b}] = \begin{bmatrix} {}^A\boldsymbol{n}^T\,{}^A\boldsymbol{n} & {}^A\boldsymbol{n}^T\,{}^A\boldsymbol{t} & {}^A\boldsymbol{n}^T\,{}^A\boldsymbol{b} \\ {}^A\boldsymbol{t}^T\,{}^A\boldsymbol{n} & {}^A\boldsymbol{t}^T\,{}^A\boldsymbol{t} & {}^A\boldsymbol{t}^T\,{}^A\boldsymbol{b} \\ {}^A\boldsymbol{b}^T\,{}^A\boldsymbol{n} & {}^A\boldsymbol{b}^T\,{}^A\boldsymbol{t} & {}^A\boldsymbol{b}^T\,{}^A\boldsymbol{b} \end{bmatrix} = I_3 \tag{2.7} $$

となる．ここで，ベクトルの右上付き添字 T は行列またはベクトルの転置を表し，I_3 は 3×3 単位行列を表す．すなわち

$$({}^A R_B)^T = {}^A R_B{}^{-1} \tag{2.8}$$

を満足しており，回転行列 ${}^A R_B$ は**直交行列**となっていることがわかる(R^{-1} は行列 R の逆行列を表す).

ところで回転行列 ${}^A R_B$ は，式 (2.5) に示したように Σ_B で表現されたベクトル ${}^B\boldsymbol{v}$ を Σ_A で表現したベクトル ${}^A\boldsymbol{v}$ に変換する.

$${}^A\boldsymbol{v} = {}^A R_B \ {}^B\boldsymbol{v} \tag{2.5)*$$

したがって，A と B を入れ替えた回転行列 ${}^B R_A$ は逆の変換を意味するから

$${}^B\boldsymbol{v} = {}^B R_A \ {}^A\boldsymbol{v} \tag{2.9}$$

となる．式 (2.5)* を上式に代入すると

$${}^B\boldsymbol{v} = {}^B R_A \ {}^A R_B \ {}^B\boldsymbol{v} \tag{2.10}$$

となり，

$${}^B R_A \ {}^A R_B = I_3 \tag{2.11}$$

を満たす．すなわち，

$${}^B R_A = ({}^A R_B)^T = {}^A R_B{}^{-1} \tag{2.12}$$

が成り立つ.

さて，以上までの説明では，回転行列 ${}^A R_B$ は座標系 Σ_A，Σ_B の間の姿勢に関する相対関係を表す行列と見なしてきたが，ベクトルの回転操作を表す行列でもある．たとえば，図 2.3 のようにある物体上に固定した座標系 Σ_A をとり，物体上の任意の点 P を $\boldsymbol{r}^*$ とし，その成分を$(x, y, z)^T$ と表す.

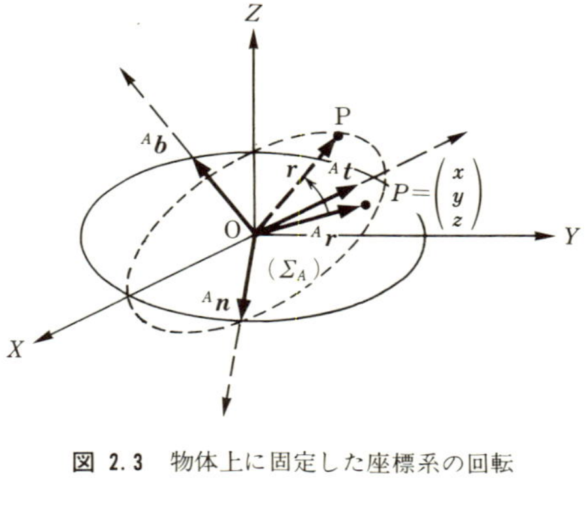

図 2.3 物体上に固定した座標系の回転

この物体を Σ_A の原点のまわりに回転させると，座標系 Σ_A も回転する．回転後の座標系の各座標軸上の単位ベクトルが回転前の Σ_A から見て ${}^A\boldsymbol{n}$, ${}^A\boldsymbol{t}$, ${}^A\boldsymbol{b}$ のように表されたとすると，点 P は Σ_A から見て

$$\boldsymbol{r} = x\,{}^A\boldsymbol{n} + y\,{}^A\boldsymbol{t} + z\,{}^A\boldsymbol{b} \tag{2.13}$$

と表現される．回転後の Σ_A を Σ_B と見なせば，上式は

$$\boldsymbol{r} = {}^AR_B\ \boldsymbol{r}^* \tag{2.14}$$

のように回転行列 ${}^AR_B$ を用いて表すことができる．

回転行列の物理的な意味をもう一度整理すると，以下のようになる．

① 座標系 Σ_B の座標系 Σ_A に対する姿勢を表しており，各列ベクトルは Σ_B の各座標軸の方向余弦を意味する（式(2.4)）．

② Σ_B で表されたベクトルを Σ_A から見た表現に変換する（式(2.5)）．

③ ベクトルの回転を表す（式(2.14)）．

2.1.3 オイラー角とロール・ピッチ・ヨー角

座標系の姿勢やベクトルの回転を表す回転行列 ${}^AR_B$ は 3×3 行列であり，9 つの要素をもっている．回転行列の各列が座標軸の方向余弦を表すことに注意すると，この 9 つの要素の間には 6 つの拘束条件が存在することがわかる．したがって，任意の回転行列は 3 つの独立したパラメータで表現される．これは，剛体の姿勢の自由度が 3 であることに対応する．3 つの独立したパラメータとしては，**オイラー角**と**ロール・ピッチ・ヨー角**がよく用いられる．

［**オイラー角**］

オイラー角は，座標系 Σ_A を次のようにある座標軸のまわりに 3 回順次回転させて座標系 Σ_B を生成する過程で定義される．

(1) z 軸まわりの回転（ϕ）

まず，Σ_A (O-XYZ) を図 2.4(a)のように z 軸のまわりに ϕ だけ回転させ，座標系 $\Sigma_{A'}$ (O-$X'Y'Z'$) をつくる．

このときの回転行列 ${}^AR_{A'}$ は，$X'Y'$ 平面内の座標軸の回転を表した図 2.4(b)からわかるように

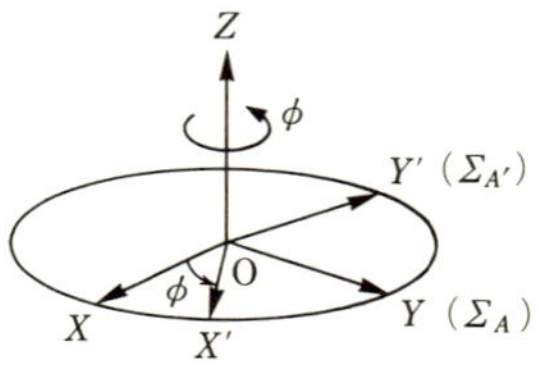

(a) Σ_A の Z 軸まわりの回転　　　　(b) XY 平面内の座標軸の回転

図 2.4

$$
{}^A R_{A'}(\phi) = \begin{bmatrix} C\phi & -S\phi & 0 \\ S\phi & C\phi & 0 \\ 0 & 0 & 1 \end{bmatrix} \quad (2.15)
$$

　　　　${}^A n$　　${}^A t$　　${}^A b$

のようにパラメータ ϕ を用いて表現される．ここで，$S\phi$，$C\phi$ はそれぞれ $\sin\phi$，$\cos\phi$ を意味しており，以後もこの記法に従う．

(2) X' 軸まわりの回転 (θ)

$\Sigma_{A'}(O\text{-}X'Y'Z')$ を図 2.5 のように X' 軸のまわりに θ だけ回転させ，座標系 $\Sigma_{A''}(O\text{-}X''Y''Z'')$ をつくる．

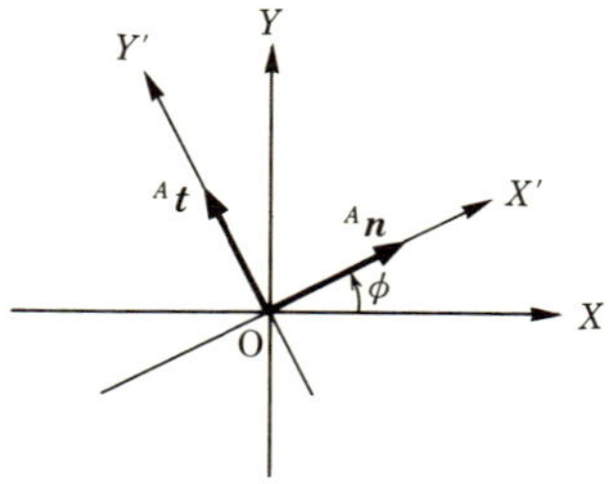

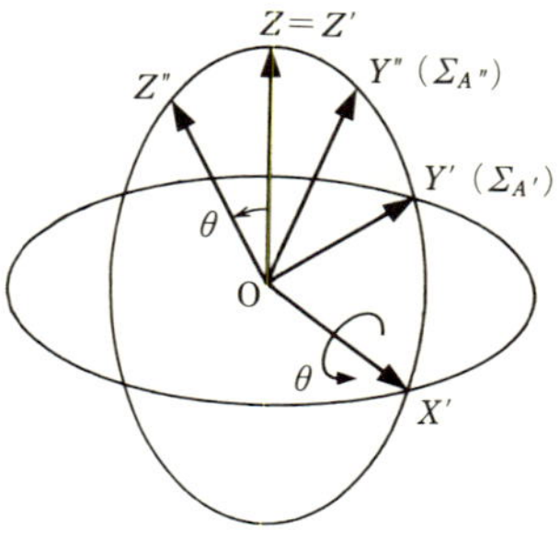

図 2.5 $\Sigma_{A'}$ の X' 軸まわりの回転

このときの回転行列 ${}^{A'}R_{A''}$ は，$Y''Z''$ 平面内の座標軸の回転を考慮し，

$$
{}^{A'}R_{A''}(\theta)=\begin{bmatrix}1 & 0 & 0\\ 0 & C\theta & -S\theta\\ 0 & S\theta & C\theta\end{bmatrix} \tag{2.16}
$$

のようにパラメータ θ を用いて表現される．

(3) Z'' 軸まわりの回転（ψ）

$\Sigma_{A''}$(O-$X''Y''Z''$) を図 2.6 のように Z'' 軸のまわりに ψ だけ回転させ，座標系 Σ_B(O-UVW) をつくる．

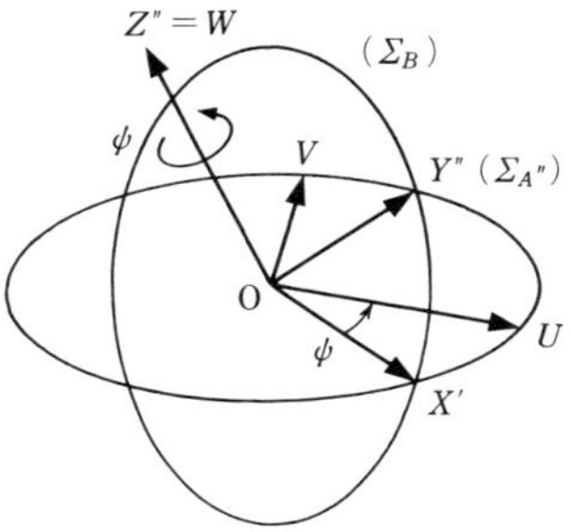

図 2.6 $\Sigma_{A'}$ の Z'' 軸まわりの回転

このときの回転行列 ${}^{A''}R_B$ は，(1) と同様にして

$$
{}^{A''}R_B(\psi)=\begin{bmatrix}C\psi & -S\psi & 0\\ S\psi & C\psi & 0\\ 0 & 0 & 1\end{bmatrix} \tag{2.17}
$$

のようにパラメータ ψ を用いて表現される．

以上の 3 つの回転を合成すると

$$
{}^{A}R_B(\phi,\ \theta,\ \psi)={}^{A}R_{A'}(\phi)\,{}^{A'}R_{A''}(\theta)\,{}^{A''}R_B(\psi) \tag{2.18}
$$

となり，Σ_B の姿勢は 3 つの角度 ϕ, θ, ψ によって表現できることがわかる．これらの 3 つの角度の組を**オイラー角**と呼ぶ．なお以上の (2) において，X' 軸の代わりに Y' 軸のまわりに座標軸を回転させてオイラー角を定義する場合もあるので，注意されたい．

［ロール・ピッチ・ヨー角］

回転行列を表現するパラメータとしては，他にロール・ピッチ・ヨー角がよく使われる．これは，オイラー角と同様，特定の座標軸まわりに3回順次回転させて最終姿勢をつくる過程で定義される．オイラー角と異なり，以上の(2)の過程で $\Sigma_{A'}$ を Y' 軸のまわりに回転させて座標系 $\Sigma_{A''}$ をつくり，(3)の過程で $\Sigma_{A''}$ を X'' 軸のまわりに回転させて座標系 Σ_B をつくる．このときの3つの角度 ψ，θ，ϕ をそれぞれロール・ピッチ・ヨー角と呼ぶ．このロール・ピッチ・ヨー角による表現は，航空機などの地上に対する姿勢を表現するときによく用いられる（図2.7参照）．

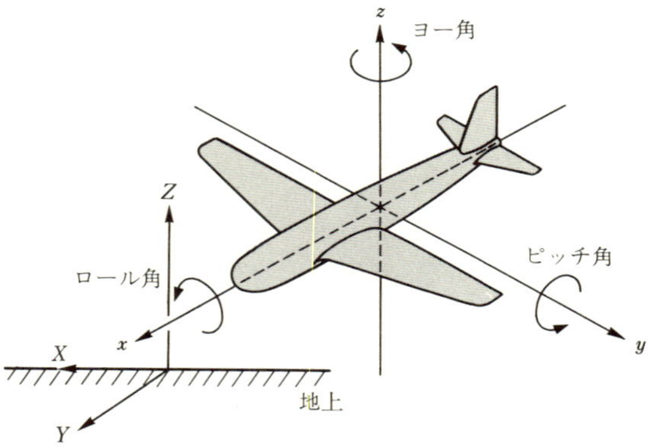

図 2.7 ロール・ピッチ・ヨー角

2.1.4 同次変換

この章で取り上げたタスクを実現するための第1の問題は，空間内の点を表現する座標系の変換式（2.6），すなわち

$$^{A}\boldsymbol{p} = {}^{A}\boldsymbol{q}_B + {}^{A}R_B\ {}^{B}\boldsymbol{p} \qquad (2.19)\ ((2.6))$$

によって解決される．この式の右辺は，座標系 Σ_B が Σ_A に対して姿勢のみならず原点位置も異なるために2項に分かれている．しかし，この関係は

$$\begin{bmatrix} {}^A\boldsymbol{p} \\ \cdots \\ 1 \end{bmatrix} = \begin{bmatrix} {}^AR_B & {}^A\boldsymbol{q}_B \\ \cdots & \cdots \\ 0\,0\,0 & 1 \end{bmatrix} \begin{bmatrix} {}^B\boldsymbol{p} \\ \cdots \\ 1 \end{bmatrix} \equiv {}^AT_B \begin{bmatrix} {}^B\boldsymbol{p} \\ \cdots \\ 1 \end{bmatrix} \tag{2.20}$$

のように簡潔に表現することもできる．3次元ベクトルの最下端に1を付け加えて便宜的に4次元ベクトルとし，座標系の平行移動と回転を1つの行列で表現するこのような変換を**同次変換**と呼び，このときの4×4行列 ${}^AT_B$ を**同次変換行列**という．同次変換行列は，回転行列を拡張したものと見なすこともでき，次のような物理的な意味をもっている．

① 座標系 Σ_B の座標系 Σ_A に対する姿勢および原点移動を表す．

② Σ_B で表された座標を Σ_A の座標に変換する．

③ 空間内の点の回転と並進移動を表す．

さて，同次変換行列を用いた表現は，座標変換を連続して続ける場合にとくに便利である．たとえば，図2.8のように3つの座標系 Σ_A, Σ_B, Σ_C を考えよう．

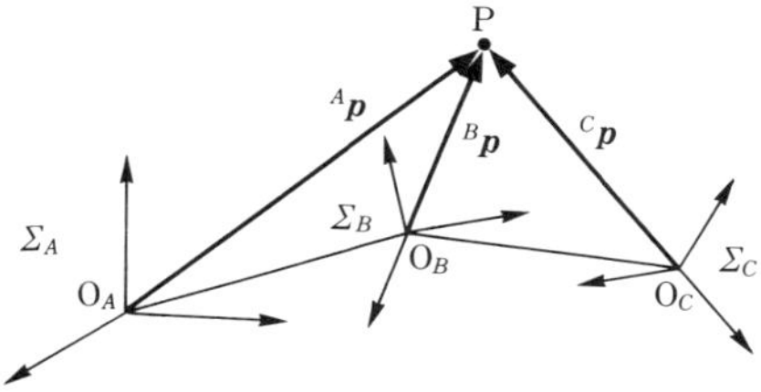

図 2.8 3つの座標系の間の座標変換

Σ_A と Σ_B および Σ_B と Σ_C の間の同次変換行列を ${}^AT_B$, ${}^BT_C$ とすると，空間内の点Pに対して Σ_A, Σ_B の間に

$${}^A\boldsymbol{p} = {}^AT_B\ {}^B\boldsymbol{p} \tag{2.21}$$

の関係が成り立つ．また同様にして，Σ_B, Σ_C の間に

$${}^B\boldsymbol{p} = {}^BT_C\ {}^C\boldsymbol{p} \tag{2.22}$$

が成り立つ．以上の2つの関係から

$${}^A\boldsymbol{p} = {}^AT_B\ {}^BT_C\ {}^C\boldsymbol{p} \tag{2.23}$$

となり，Σ_A と Σ_C の間の同次変換行列 ${}^AT_C$ が

$${}^AT_C = {}^AT_B\ {}^BT_C \tag{2.24}$$

のように行列の積の形で簡単に求まる．なお，座標系が4つ以上ある場合も同様に扱える．

［**例題2.1**］　${}^{A}T_{B}$ の逆変換 ${}^{B}T_{A}(={}^{A}T_{B}{}^{-1})$ を求めてみよう．

Σ_B で表された点 ${}^{B}\boldsymbol{p}$ を Σ_A に変換する関係を示した式（2.19）の両辺に左側から回転行列 ${}^{A}R_{B}{}^{T}$ を掛け，${}^{B}\boldsymbol{p}$ についてまとめると

$$ {}^{B}\boldsymbol{p} = {}^{A}R_{B}{}^{T}\ {}^{A}\boldsymbol{p} - {}^{A}R_{B}{}^{T}\ {}^{A}\boldsymbol{q}_{B} \tag{2.25} $$

となるから

$$ \begin{bmatrix} {}^{B}\boldsymbol{p} \\ \\ 1 \end{bmatrix} = \begin{bmatrix} {}^{A}R_{B}{}^{T} & -{}^{A}R_{B}{}^{T}\ {}^{A}\boldsymbol{q}_{B} \\ & \\ 0 & 1 \end{bmatrix} \begin{bmatrix} {}^{A}\boldsymbol{p} \\ \\ 1 \end{bmatrix} = {}^{B}T_{A} \begin{bmatrix} {}^{A}\boldsymbol{p} \\ \\ 1 \end{bmatrix} \tag{2.26} $$

すなわち

$$ {}^{B}T_{A} = \begin{bmatrix} {}^{A}R_{B}{}^{T} & -{}^{A}R_{B}{}^{T}\ {}^{A}\boldsymbol{q}_{B} \\ & \\ 0 & 1 \end{bmatrix} \tag{2.27} $$

となる．また ${}^{A}T_{B}\ {}^{B}T_{A} = I_4$ であることも容易に確かめられる．

［**例題2.2**］　卓上に高さ h の円柱棒が置かれている．卓上の座標系 Σ_0 とカメラ上に設けられた座標系 Σ_S の関係が同次変換行列 ${}^{0}T_{S}$ として与えられているとき，カメラで測定された円柱棒の上面の1点Pの2次元位置 ${}^{S}\boldsymbol{q}=(x_S,\ y_S)^T$ から，点Pの3次元位置を求めてみよう．なお，カメラの撮像面と Σ_S の X_SY_S 平面，および卓面と Σ_0 の XY 平面は一致しているものとする．

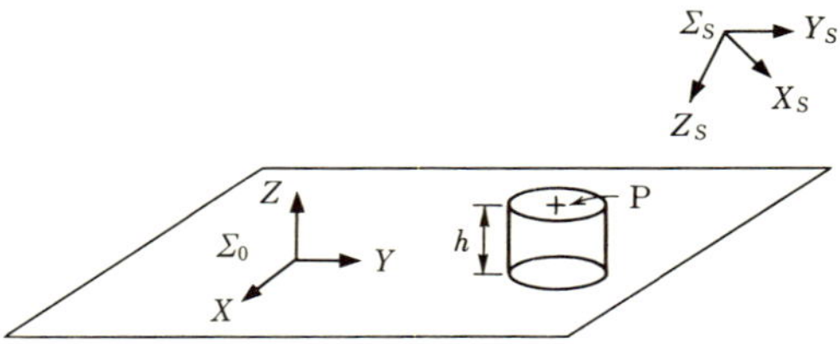

図 2.9　カメラで計測した円柱棒の上面の点Pの位置を卓上に固定した座標系 Σ_0 で表現する問題

点Pの位置を Σ_0 で表現した座標を $(x,\ y,\ z)^T$，Σ_Sで表現した座標を $(x_S,\ y_S,\ z_S)^T$ とすると

$$\begin{bmatrix} x \\ y \\ z \\ 1 \end{bmatrix} = {}^{0}T_S \begin{bmatrix} x_S \\ y_S \\ z_S \\ 1 \end{bmatrix} \tag{2.28}$$

の関係がある．${}^{0}\boldsymbol{q} = (x,\ y)^T$，${}^{S}\boldsymbol{q} = (x_S,\ y_S)^T$ とおき，同次変換行列 ${}^{0}T_S$ を

$$ {}^{0}T_S = \begin{bmatrix} \overbrace{R_1}^{2} & \overbrace{R_3}^{1} & \overbrace{P_1}^{1} \\ R_2 & R_4 & P_2 \\ 0\ 0 & 0 & 1 \end{bmatrix} \begin{matrix} \}\ 2 \\ \}\ 1 \\ \}\ 1 \end{matrix} $$

と分解して表すと，式 (2.28) の z 成分は

$$z = h = R_2{}^{S}\boldsymbol{q} + R_4 z_S + P_2$$

となるから

$$z_S = (h - R_2{}^{S}\boldsymbol{q} - P_2)/R_4$$

よって

$$\begin{aligned} {}^{0}\boldsymbol{q} &= R_1{}^{S}\boldsymbol{q} + R_3 z_S + P_1 \\ &= (R_1 - R_3R_2/R_4){}^{S}\boldsymbol{q} + R_3(h - P_2)/R_4 + P_1 \end{aligned}$$

となり，点 P は Σ_0 で表現した $({}^{0}\boldsymbol{q}^T,\ h)^T$ の位置に存在する．

［**例題** 2.3］ コンピュータグラフィックス（CG）は，3 次元物体を 2 次元平面上に表示する技術である．その最も基本となるのが，物体上の点に対応する平面 S 上の点を求める問題である．ここでは，平行投影と透視投影についてこの問題を考えてみよう．

〈平行投影〉

物体上の任意の点 P を図 2.10 のように平面 S に**平行投影**（平面 S に垂直な方向の平行光線により平面 S 上に点 P の影を投影）したときに得られる平面上の点 P* の座標を求める．

点 P の位置ベクトルは，空間に固定した座標系 Σ_0(O-XYZ) を用いて ${}^{0}\boldsymbol{p} = (x,\ y,\ z)^T$ と与えられているものとする．また，平面 S の上に固定した座標系 Σ_S(O_S-UVW) は，Σ_0 を $\boldsymbol{d} = (l,\ m,\ n)^T$ だけ平行移動し，Z 軸まわりに α 回転させた後，Y 軸（V 軸と一致）まわりに $-\beta$ 回転させた座標系とする．なお，平行光線の方向は Σ_S の U 軸と一致しているとする．このとき，点 P の位置ベクトルを Σ_0 で表現した ${}^{0}\boldsymbol{p}$ と Σ_S で表

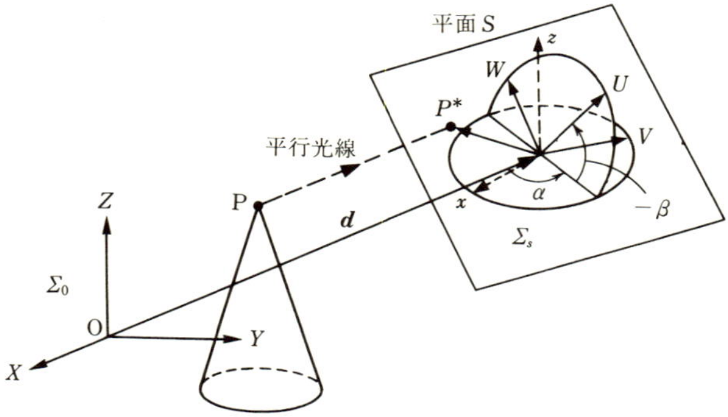

図 2.10　平 行 投 影

現した $^{S}\boldsymbol{p}=(u,\ v,\ w)^T$ の間には

$$\begin{bmatrix} ^{0}\boldsymbol{p} \\ \\ 1 \end{bmatrix} = \begin{bmatrix} ^{0}R_S & \boldsymbol{d} \\ \\ 0\,0\,0 & 1 \end{bmatrix} \begin{bmatrix} ^{S}\boldsymbol{p} \\ \\ 1 \end{bmatrix} \tag{2.29}$$

の関係が成り立つ．ただし，$^{0}R_S$ は，Σ_0 と Σ_S の間の回転行列であり

$$^{0}R_S = \begin{bmatrix} C\alpha & -S\alpha & 0 \\ S\alpha & C\alpha & 0 \\ 0 & 0 & 1 \end{bmatrix} \begin{bmatrix} C(-\beta) & 0 & S(-\beta) \\ 0 & 1 & 0 \\ -S(-\beta) & 0 & C(-\beta) \end{bmatrix}$$

と書ける．平面 S 上に投影された点 P の影の位置は，$^{S}\boldsymbol{p}$ の v，w 成分として表されるから，式 (2.29) の逆変換

$$\begin{bmatrix} ^{S}\boldsymbol{p} \\ \\ 1 \end{bmatrix} = \begin{bmatrix} ^{0}R_S{}^T & -{}^{0}R_S{}^T\boldsymbol{d} \\ \\ 0\,0\,0 & 1 \end{bmatrix} \begin{bmatrix} ^{0}\boldsymbol{p} \\ \\ 1 \end{bmatrix}$$

を解いて

$$\begin{bmatrix} v \\ \\ w \end{bmatrix} = \begin{bmatrix} -S\alpha & C\alpha & 0 \\ \\ -C\alpha S\beta & -S\alpha S\beta & C\beta \end{bmatrix} \begin{bmatrix} x-l \\ y-m \\ z-n \end{bmatrix}$$

と求められる．

〈透視投影〉

物体上の任意の点 P から発した光線が視点に向かう途中で平面 S を通過する点 P* を求める**透視投影**の問題を考えよう．座標系 Σ_0 の原点を視点に一致させ，点 P の位置

ベクトルは平行投影と同様，$^0\boldsymbol{p}=(x,\ y,\ z)^T$ と与え，平面 S 上に固定した座標系も平行投影と同じく図 2.10 のように設定し Σ_S とする．

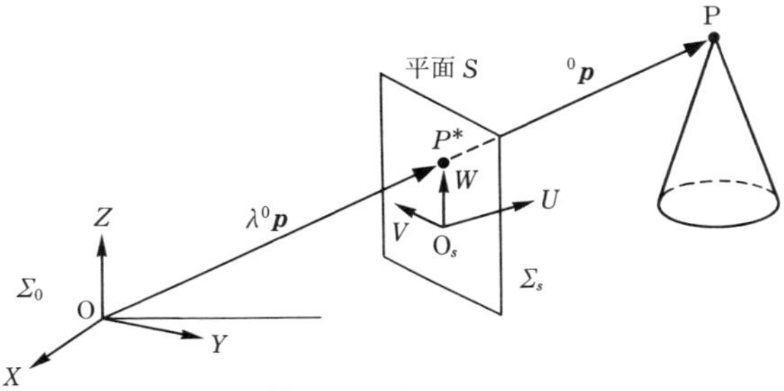

図 2.11　透 視 投 影

このとき，点 P* の位置ベクトルは適当なスカラパラメータ λ を用いて $\lambda^0\boldsymbol{p}$ と表される．この点 P* を座標系 Σ_S で表現したときの v，w 成分を求めればよいから

$$\begin{bmatrix} ^S\boldsymbol{p} \\ \\ 1 \end{bmatrix} = \begin{bmatrix} ^0R_S{}^T & -^0R_S{}^T\boldsymbol{d} \\ \\ 0\,0\,0 & 1 \end{bmatrix} \begin{bmatrix} \lambda^0\boldsymbol{p} \\ \\ 1 \end{bmatrix}$$

を解いて

$$\begin{bmatrix} v \\ \\ w \end{bmatrix} = \begin{bmatrix} -S\alpha & C\alpha & 0 \\ \\ -C\alpha S\beta & -S\alpha S\beta & C\beta \end{bmatrix} \begin{bmatrix} \lambda x - l \\ \lambda y - m \\ \lambda z - n \end{bmatrix}$$

と求められる．ただし λ は，点 P* がスクリーン上に存在する条件 $u=0$ を解いて

$$\lambda = \frac{C\alpha C\beta l + S\alpha C\beta m + S\beta n}{C\alpha C\beta x + S\alpha C\beta y + S\beta z}$$

となる．

2.2　位置に関する運動学

本章で取り上げた「テーブルの上に置かれた物体を把持する」タスクを実行する上で解決しなければならないもう 1 つの課題，すなわち，ロボットの目標手先位置・姿勢が与えられたときにそれに対する各関節の変位量を求める問題について考える．これは，ロボットの運動を幾何学的に解析する**運動学**の問題

であり，以下では，ロボットの手先の位置・姿勢と各関節の変位量の関係について説明する．

2.2.1 リンク座標系

ロボットの手先に固定された座標系を Σ_B とすると，ロボットの手先の位置・姿勢は，ロボット座標系 Σ_A と Σ_B の間の同次変換行列 ${}^AT_B$ がわかれば決定できる．この ${}^AT_B$ は，図2.12からわかるように，各関節を回転あるいは直動させると変化する．各関節の変位量を含んだ形で ${}^AT_B$ を表現することができれば，Σ_B の位置・姿勢が定まることになる．

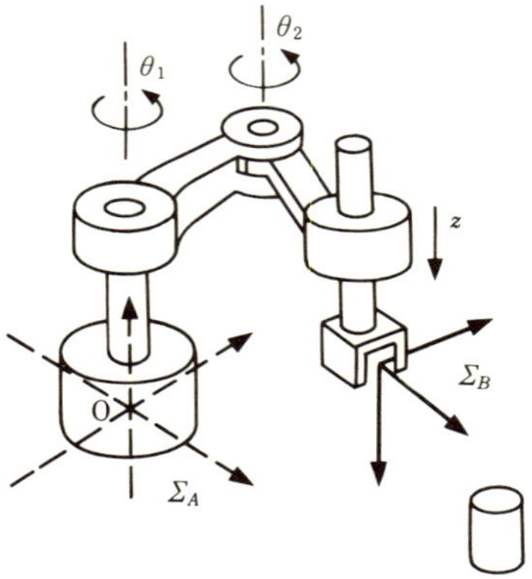

図 2.12 ロボット座標系 Σ_A と手先座標系 Σ_B の関係

隣接するリンク間の関節が1自由度をもつ場合，隣接する各リンク上に固定された座標系の間の同次変換行列は，対応する関節の変位量を用いて表現できるから，このようなリンク間の関係を次々にたどれば，最終的に ${}^AT_B$ を表現できる．各リンク上に固定された座標系を**リンク座標系**と呼ぶ．この座標系のとり方は自由であるが，できるだけ少ないパラメータを用いて隣接する座標系の間の同次変換行列が記述できる方が望ましい．ここでは，**修正 Denavit-Hartenberg の記法**と呼ばれる記述法を示す．

n 個のリンクが n 個の1自由度の回転あるいは直動関節によって結合されたロボットを考える．図2.13のように，ロボット座標系 Σ_A の設けられたベース

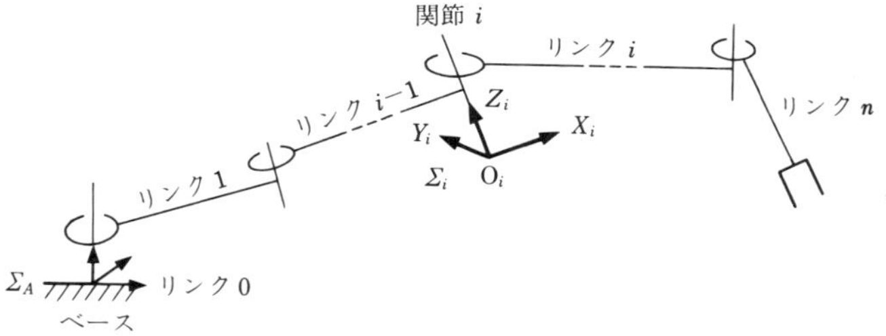

図 2.13 リンク座標系

をリンク0とし，手先に向かって順にリンクの番号1～nをつける．また，リンク $i-1$ と i との間の連結部を関節 i とする．関節 i が回転関節ならば回転軸を，直動関節ならば直動方向に平行な直線を関節軸 i とする．

このとき，リンク座標系 $\Sigma_i(O_i\text{-}X_iY_iZ_i)$ は次のようにして設定する(図2.14参照)．

① 関節軸 i を Z_i 軸にとる．

② Z_i 軸と Z_{i+1} 軸の共通垂線を X_i 軸にとる．ただし，関節 i から $i+1$ に向かう方向を正とする．共通垂線と Z_i 軸との交点が原点 O_i である．

③ Z_i, X_i 軸に垂直な方向（右手座標系）に Y_i 軸をとる．

なお，共通垂線が一意に決まらない場合や直動関節の関節軸については，同次変換行列 ${}^iT_{i-1}$ がなるべく簡単になるように適当に決める．また Σ_0 は，関節1の基準状態における Σ_1 と一致させ，Σ_n は Z_n 軸を関節 n 上にとり，X_n 軸は関節 n が基準の角度のときに X_{n-1} 軸と同じ方向にとればよい．ただし，ケースバ

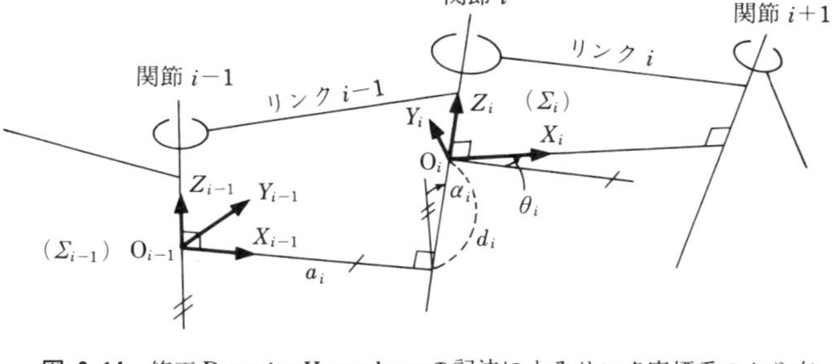

図 2.14 修正 Denavit-Hartenberg の記法によるリンク座標系のとり方

イケースである．

それでは，図2.14に示す隣接する座標系 Σ_{i-1}，Σ_i の間の同次変換行列を求めよう．座標系 Σ_{i-1} は，次の4つの操作を順に進めることによって座標系 Σ_i に重ねることができることに注意する．

(1)　X_{i-1} 軸方向に a_i の並進

(2)　X_{i-1} 軸まわりに α_i の回転

(3)　回転後の Z_{i-1} 軸方向に d_i の並進

(4)　並進後の Z_{i-1}軸まわりに θ_i の回転

なお4つのパラメータ a_i，α_i，d_i，θ_i は，それぞれZ_{i-1}軸と Z_i 軸の共通垂線の長さ，関節軸どうしのねじれ角，Z_i 軸上に投影した原点間距離，X_{i-1} 軸と X_i 軸のなす角度を意味している．以上の各操作に対して図2.15のようにそれぞれ同次変換行列が定まる．

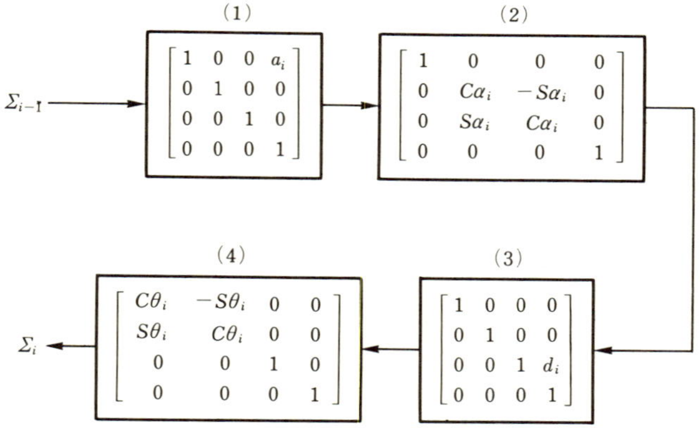

図 2.15　Σ_{i-1} から Σ_i への変換に伴う同次変換行列

Σ_{i-1} と Σ_i の間の同次変換行列 ${}^{i-1}T_i$ は，図2.15中の同次変換行列の積として

$$
{}^{i-1}T_i = \begin{bmatrix} C\theta_i & -S\theta_i & 0 & a_i \\ C\alpha_i S\theta_i & C\alpha_i C\theta_i & -S\alpha_i & -d_i S\alpha_i \\ S\alpha_i S\theta_i & S\alpha_i C\theta_i & C\alpha_i & d_i C\alpha_i \\ 0 & 0 & 0 & 1 \end{bmatrix} \tag{2.30}
$$

と表される．なお，式 (2.30) 中の4つのパラメータの中で関節の自由度に対

応した変位は，関節 i が回転関節のときは θ_i，直動関節のときは d_i となる．以後，関節 i の変数は q_i として一般的に表現する．残り 3 つのパラメータは，機構から決まる定数である．

2.2.2 順運動学と逆運動学

リンク座標系が決まり，隣接するリンク座標系間の同次変換行列 ${}^{i}T_{i+1}$ が定まれば，Σ_0 と Σ_n の関係は次の同次変換行列で表現できる．

$$ {}^{0}T_n = {}^{0}T_1 \ {}^{1}T_2 \ \cdots \ {}^{n-1}T_n \tag{2.31}$$

Σ_0 をロボット座標系 Σ_A，Σ_n をロボットの手先に固定された座標系 Σ_B と見なせば

$$ {}^{A}T_B = {}^{0}T_n = \begin{bmatrix} {}^{0}R_n & {}^{0}\boldsymbol{p}_n \\ & \\ 0 & 1 \end{bmatrix} \tag{2.32}$$

より，手先の姿勢を表す ${}^{0}R_n$ と位置を表す ${}^{0}\boldsymbol{p}_n$ が得られる．${}^{0}R_n$ が与えられれ

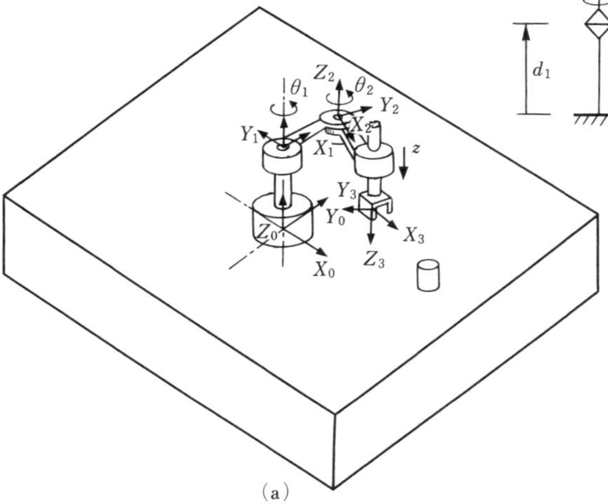

(a)

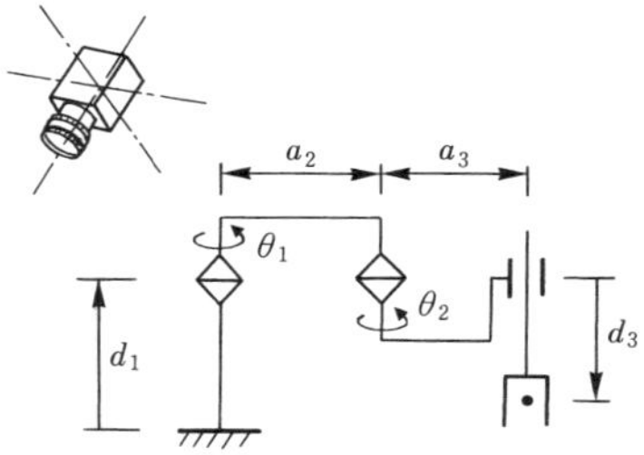

(b)

図 2.16 (a) 3 自由度ロボットアームのリンク座標系
(b) 3 自由度ロボットアームのリンクパラメータ

ば，姿勢はオイラー角などに焼き直すことができるから（式（2.18）参照），結局，手先の位置・姿勢を表す6次元ベクトル $\boldsymbol{r}$ が求まる．上式は，この $\boldsymbol{r}$ が各関節の変位 $q_i(i=l,\cdots,n)$ の関数であることを示しており

$$\boldsymbol{r}=\boldsymbol{f}(\boldsymbol{q}) \tag{2.33}$$

と一般的に表現できる．なお，$\boldsymbol{q}$ は関節変位ベクトル $\boldsymbol{q}=(q_l,\cdots,q_n)^T$ を意味する．

$\boldsymbol{q}$ が与えられたときに $\boldsymbol{r}$ を求める問題を，**順運動学**と呼ぶ．一方，ロボットの目標手先位置・姿勢が与えられたときに各関節の変位量を求める本節の課題は，$\boldsymbol{r}$ が与えられたときに $\boldsymbol{q}$ を求める問題に他ならない．この問題は**逆運動学問題**と呼ばれ，形式的には

$$\boldsymbol{q}=\boldsymbol{f}^{-1}(\boldsymbol{r}) \tag{2.34}$$

と表現できる．それでは，本節の課題を具体的に解いてみよう．

図2.16(a)ロボットアームは，記号で模式的に示した図2.16(b)のように関節1と2が回転の自由度，関節3が直動の自由度をもっている．修正Denavit-Hartenberg記法に従ってリンク座標系を設定し，リンクパラメータが表2.1のように与えられたとすると，同次変換行列は次のようになる．

表2.1　リンクパラメータの値

i	a_i	α_i	d_i	θ_i
1	0	0°	d_1	θ_1
2	a_2	0°	0	θ_2
3	a_3	180°	d_3	0°

$${}^0T_1=\begin{bmatrix} C\theta_1 & -S\theta_1 & 0 & 0 \\ S\theta_1 & C\theta_1 & 0 & 0 \\ 0 & 0 & 1 & d_1 \\ 0 & 0 & 0 & 1 \end{bmatrix} \qquad {}^1T_2=\begin{bmatrix} C\theta_2 & -S\theta_2 & 0 & a_2 \\ S\theta_2 & C\theta_2 & 0 & 0 \\ 0 & 0 & 1 & 0 \\ 0 & 0 & 0 & 1 \end{bmatrix}$$

$${}^2T_3=\begin{bmatrix} 1 & 0 & 0 & a_3 \\ 0 & -1 & 0 & 0 \\ 0 & 0 & -1 & -d_3 \\ 0 & 0 & 0 & 1 \end{bmatrix}$$

したがって

$$
{}^{0}T_{3}=\begin{bmatrix} C(\theta_1+\theta_2) & S(\theta_1+\theta_2) & 0 & a_2C\theta_1+a_3C(\theta_1+\theta_2) \\ S(\theta_1+\theta_2) & -C(\theta_1+\theta_2) & 0 & a_2S\theta_1+a_3S(\theta_1+\theta_2) \\ 0 & 0 & -1 & (d_1-d_3) \\ 0 & 0 & 0 & 1 \end{bmatrix} \tag{2.35}
$$

となる．

すなわち，順運動学の解が得られたわけであり，ロボットアームの手先座標系の位置・姿勢が決まる．

次に，逆運動学問題を考えよう．ロボットアームの手先が 3 次元可動空間（手先が届く範囲）内の任意の位置と姿勢をとるためには，ロボットアームは一般に 6 自由度以上が必要となる．ここでは，ロボットアームの手先座標系の 3 次元位置を目標位置ベクトル ${}^{0}\boldsymbol{r}=(r_1,\ r_2,\ r_3)^T$ とするための各関節変位を求める．式 (2.35) より

$$
\begin{bmatrix} r_1 \\ r_2 \\ r_3 \end{bmatrix}=\begin{bmatrix} a_2C\theta_1+a_3C(\theta_1+\theta_2) \\ a_2S\theta_1+a_3S(\theta_1+\theta_2) \\ (d_1-d_3) \end{bmatrix} \tag{2.36}
$$

が成り立つから，これら 3 つの式を連立させて解けば

$$
\begin{aligned}
\theta_1 &= \phi\pm\tan^{-1}\left(\frac{A}{r_1^2+r_2^2+a_2^2-a_3^2}\right)\\
\theta_2 &= \mp\tan^{-1}\left(\frac{A}{r_1^2+r_2^2-a_2^2-a_3^2}\right)\\
d_3 &= d_1-r_3
\end{aligned}
$$

と求まる．ただし

$$
\begin{aligned}
\phi &= \tan^{-1}\left(\frac{r_2}{r_1}\right)\\
A &= \sqrt{(r_1^2+r_2^2+a_2^2+a_3^2)^2-2[(r_1^2+r_2^2)^2+a_2^4+a_3^4]}
\end{aligned}
$$

と置いた．この解を見ればわかるように，逆運動学の解は 2 通り存在する．このロボットアームを X_0Y_0 平面に投影した図 2.17 に示されるように，2 つの連結されたリンクの先端位置を定めると，2 通りのリンク形状を取り得ることに対応している．このように，逆運動学の解は一般に唯一には決まらないことが多く，しかも解析的に解くことが難しい．人間の腕のように，リンクが直列に

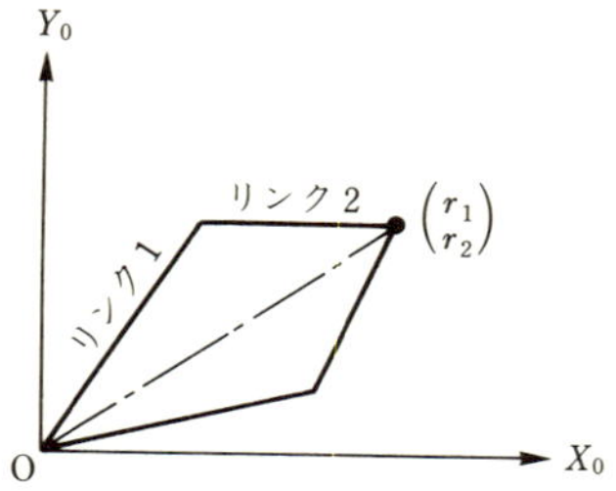

図 2.17 2通りの逆運動学の解

つながった構造（**直列リンクメカニズム**と呼ばれる）のロボットアームに共通する問題である．

2.2.3 逆運動学の数値解法

直列リンクメカニズムのロボットアームは，自由度が増えると逆運動学を解析的に求めることが困難になる．このような場合，以下のようなニュートン法によって数値的に関節角度を求めることができる．

順運動学の解が

$$\boldsymbol{r} = \boldsymbol{f}(\boldsymbol{q}) \tag{2.37}$$

と与えられているとき，$\boldsymbol{r} = \boldsymbol{r}^*$ を満たす関節変位ベクトル $\boldsymbol{q}^*$ を求める．手先の位置・姿勢を表すベクトル $\boldsymbol{r}$ と関節変位ベクトル $\boldsymbol{q}$ に対して無限小変位 $\delta\boldsymbol{r}$, $\delta\boldsymbol{q}$ を考えると，式(2.37)より

$$\delta\boldsymbol{r} = J(\boldsymbol{q})\delta\boldsymbol{q} \tag{2.38}$$

の関係が成り立つ．なお，$J(\boldsymbol{q})$ はベクトル関数の微係数を意味しており，$\boldsymbol{r}$ の $\boldsymbol{q}$ に関するヤコビ行列と呼ぶ．$\boldsymbol{r} = (r_1, r_2, \cdots, r_m)^T$ を m 次元ベクトル，$\boldsymbol{q} = (q_1, q_2, \cdots, q_n)^T$ を n 次元ベクトルとすると，ヤコビ行列 J は $m \times n$ 行列となり，その第 i 行第 j 列要素 J_{ij} は

$$J = (J_{ij}) = \frac{\partial \boldsymbol{r}}{\partial \boldsymbol{q}^T} = \left(\frac{\partial r_i}{\partial q_j} \right) \tag{2.39}$$

と表される．

ニュートン法では，まず逆運動学の解 $\boldsymbol{q} = \boldsymbol{q}^*$ に対する近似解 $\boldsymbol{q}_0$ を与え，以下の式に従って解を更新する．

$$\boldsymbol{q}_{i+1} = \boldsymbol{q}_i - J(\boldsymbol{q}_i)^{-1}(\boldsymbol{r}_i - \boldsymbol{r}^*) \quad (i = 0,\ 1,\ \cdots) \tag{2.40}$$

ただし，$\boldsymbol{r}_i$ は $\boldsymbol{q} = \boldsymbol{q}_i$ を式（2.37）に代入したときの順運動学の解である．また，ヤコビ行列 $J(\boldsymbol{q}_i)$ はつねに正則でなければならない．ニュートン法による解の収束性は初期値 $\boldsymbol{q}_0$ に大きく左右されるから，$\boldsymbol{r}^*$ の与え方を工夫するなどしてできるだけ真値に近い初期値 $\boldsymbol{q}_0$ を選ぶことが重要である．

［**例題 2.4**］ 直列リンクメカニズムは，順運動学は解きやすく逆運動学は解きにくいという特徴をもっている．それに対し，シミュレータなどに利用される図 2.18 のスチュワート・プラットフォームは，並列的に配置された複数のリンクから構成（**並列リンクメカニズム**）され，運動学的には直列リンクと逆の性質をもつ．

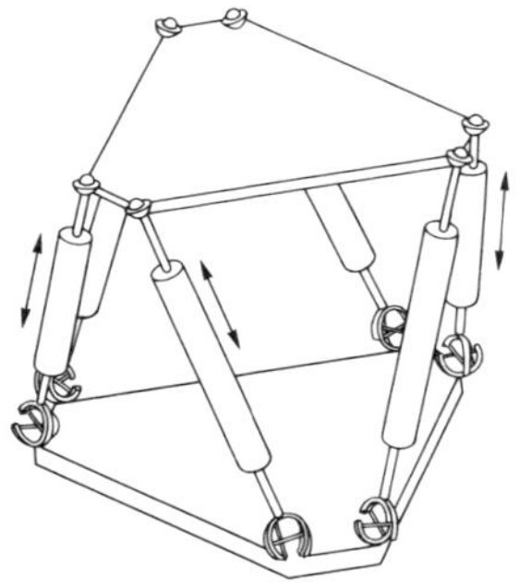

図 2.18 スチューワート・プラットフォーム

すなわち，逆運動学は解きやすく，順運動学は解きにくい．たとえば，図 2.19 のような 2 リンクの並列リンクロボットアームを考えてみよう．

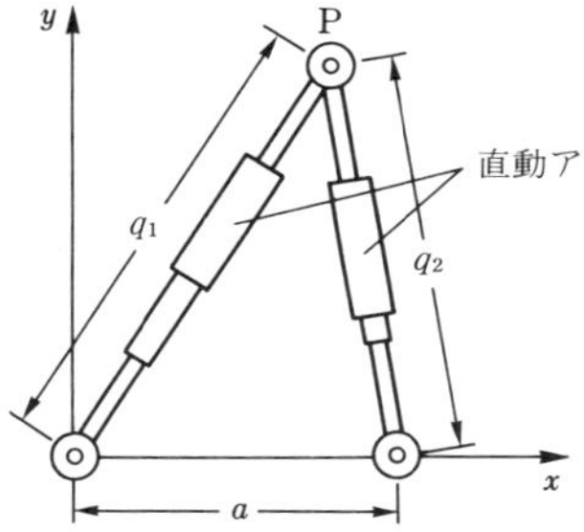

図 2.19 2 自由度パラレルリンクアーム

直動アクチュエータによってリンク長を q_1, q_2 と与え，点Pの位置が $\boldsymbol{r}=(x,\ y)^T$ となっているものとする．逆運動学問題は $\boldsymbol{r}$ から各リンク長 q_1, q_2 を決める問題であり，容易に

$$q_1=\sqrt{x^2+y^2}, \qquad q_2=\sqrt{(a-x)^2+y^2}$$

と求まる．一方，リンク長 q_1, q_2 から $\boldsymbol{r}$ を求める順運動学問題は，上式を連立させて解くと

$$x=\frac{a^2+q_1{}^2-q_2{}^2}{2a}, \qquad y=\pm\sqrt{q_1{}^2-\left(\frac{a^2+q_1{}^2-q_2{}^2}{2a}\right)^2}$$

のようになり，逆運動学問題に比べて解きにくいことがわかる．

演習問題

2.1　図2.20のユニバーサルジョイントにおいて，入力軸回転角 α と出力軸回転角 β の間には，2軸が角度 δ だけ傾いているとき

$$\tan\beta=\tan\alpha\cos\delta \tag{2.41}$$

の関係が成り立つ．このことを，以下の手順に従って示せ．

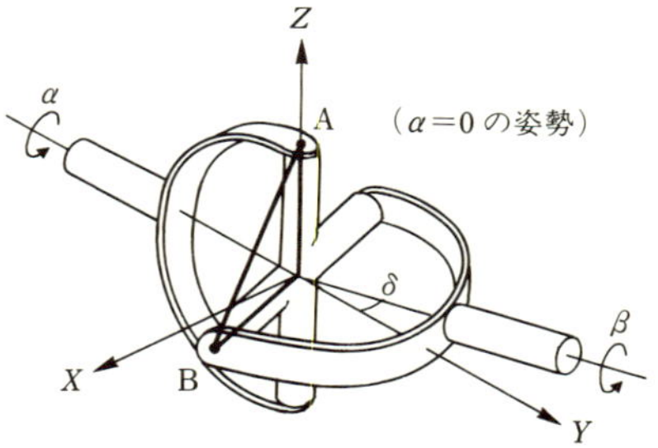

図 2.20

(1)　図中の X, Y, Z 軸は，絶対座標系 Σ を表している．$\alpha=0$ のとき，ユニバーサルジョイントのA点の座標が Σ で $(0,\ 0,\ 1)$ とすると，入力軸を α 回転させたときのA点の座標は，Σ でどのように表されるか．

(2)　Σ を Z 軸まわりに δ 回転させた座標系を Σ' とし，ユニバーサルジョイントのB点の座標を Σ' で $(1,\ 0,\ 0)$ と表すことにする．出力軸を β 回転させたときのB点の座標を絶対座標系 Σ で表せ．

(3)　ユニバーサルジョイントのAB間距離はつねに不変であることを利用し

て，式 (2.41) が成り立つことを示せ．

2.2 図 2.21 の直交座標系 $\Sigma^*(O^*\text{-}X^*Y^*Z^*)$ は，空間に固定した直交座標系 $\Sigma_0(O\text{-}XYZ)$ をベクトル $\boldsymbol{L}$ だけ平行移動し，Z 軸まわりに α 回転させた後，回転後の Y 軸まわりに $-\beta$ 回転させた座標である．

(1) 座標系 Σ^* の各座標軸の方向余弦を座標系 Σ_0 で表現せよ．

(2) 空間内の点 P の位置ベクトルが座標系 Σ_0 で ${}^0\boldsymbol{p}$ と与えられているとき，この点 P の位置ベクトルを座標系 Σ^* で表せ．

(3) 空間内の 4 点 P_1, P_2, P_3, P_4 の位置ベクトルが座標系 Σ_0 と Σ^* でそれぞれ

$$
{}^0\boldsymbol{p}_1 = \begin{bmatrix} 0 \\ 0 \\ 1 \end{bmatrix} \quad {}^0\boldsymbol{p}_2 = \begin{bmatrix} 1 \\ 1 \\ 1 \end{bmatrix} \quad {}^0\boldsymbol{p}_3 = \begin{bmatrix} 0 \\ 1 \\ 0 \end{bmatrix} \quad {}^0\boldsymbol{p}_4 = \begin{bmatrix} 1 \\ 1 \\ 0 \end{bmatrix}
$$

$$
{}^*\boldsymbol{p}_1 = \begin{bmatrix} 0 \\ 1 \\ 1 \end{bmatrix} \quad {}^*\boldsymbol{p}_2 = \begin{bmatrix} 1 \\ 0 \\ 1 \end{bmatrix} \quad {}^*\boldsymbol{p}_3 = \begin{bmatrix} 1 \\ 1 \\ 0 \end{bmatrix} \quad {}^*\boldsymbol{p}_4 = \begin{bmatrix} 1 \\ 0 \\ 0 \end{bmatrix}
$$

と表されているものとする．このとき，座標系 Σ^* の原点位置および各座標軸の方向余弦を座標系 Σ_0 で表現せよ．

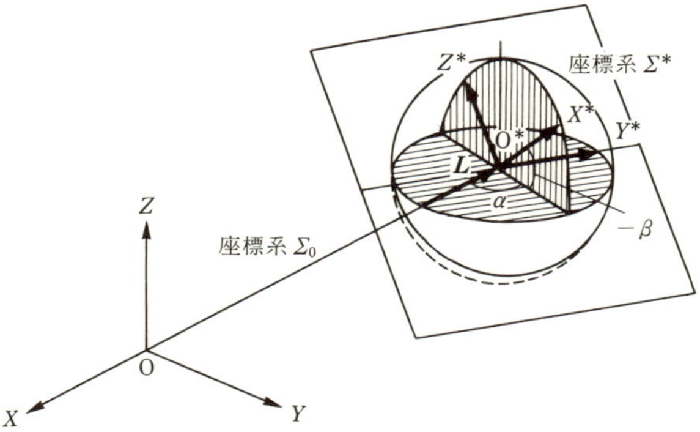

図 2.21

2.3 ある平面内で等速円運動をしている物体を考える．この物体の中心に固定した直交座標系 (O-XY) を設定し，その Y 軸をつねに円運動の中心に向かせた．この座標系を用いて平面内に静止している 2 点 P，Q の座標を時間をずらせて表現したところ，ある時点で P の座標が $(-1, 1)$，Q の座標が $(-1, 0)$，その 10

秒後にP点の座標が $(-1/\sqrt{2}, 1+1/\sqrt{2})$，Qの座標が $(-\sqrt{2}, 1)$ となった．円運動の1周期は10秒よりも長いものとして，以下の問に答えよ．

(1)　2つの時点における座標系の相対関係を求めよ．

(2)　円運動の半径と周期を求めよ．

3 マニピュレーションII

— 速度の運動学 —

われわれが日常行うタスクの中には，手先を決まった位置や姿勢に保つだけでは実現できないものも多い．たとえば，テニスボールをラケットで打ち返すタスクを考えてみよう．飛んで来るボールの軌道上にラケットを差し出すだけでは，打ち返すボールに望ましいスピードを与えることはできない．図3.1に示すように，ボールを打ち返す瞬間にラケットも適切なスピードで動いている必要がある．このためには，ラケットを操作する腕や手首，あるいは下半身を適切なスピードで動かさなければならない．この章ではロボットアームの運動に関連した事項について述べる．

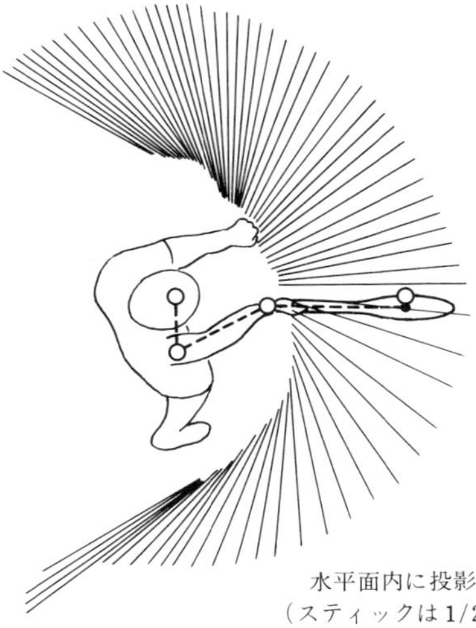

水平面内に投影したテニスラケットの軌跡
（スティックは1/200秒ごとのラケットを示す）

図 3.1 （タスク例2）「ラケットを巧く振る」

まず，テニスの水平面内のスイング動作をモデル化した図3.2で考えると，このタスクでは，手先に適切なスピードを与えるための各関節速度を決定する問題が基本となることがわかる．以下では，この速度に関する運動学の問題について説明する．

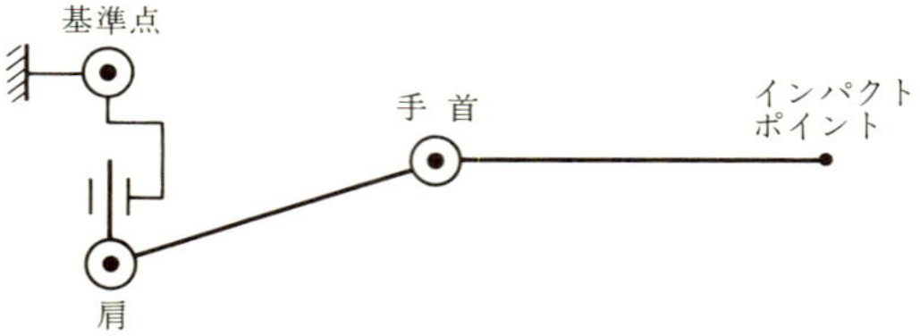

図 3.2 ラケット操作時の4自由度モデル
初期姿勢における頭部位置を基準点とし，下半身の自由度（θ_1, d_1）と肩，手首の自由度（θ_2, θ_3）の計4自由度によってラケットの操作を行うものと考える．

3.1 ヤコビ行列

前章と同様，手先の位置・姿勢を表すベクトル $\boldsymbol{r}$ と関節変位ベクトル $\boldsymbol{q}$ の間に

$$\boldsymbol{r} = f(\boldsymbol{q}) \tag{3.1}$$

の関係が成り立っているとすると，無限小変位の関係を表した式（2.38）に対応した速度関係式

$$\dot{\boldsymbol{r}} = J(\boldsymbol{q})\dot{\boldsymbol{q}} \tag{3.2}$$

を得る．$J(\boldsymbol{q})$ は**ヤコビ行列**であり，順運動学の解が解析的に求められれば，r の微係数 $\partial \boldsymbol{r}/\partial \boldsymbol{q}^T$ として解析的に導ける．たとえば，前章で取り上げた3リンクロボットアーム（図2.16参照）の手先座標系の3次元位置は式（2.36）に示したように

$$\begin{bmatrix} r_1 \\ r_2 \\ r_3 \end{bmatrix} = \begin{bmatrix} a_2 C\theta_1 + a_3 C(\theta_1 + \theta_2) \\ a_2 S\theta_1 + a_3 S(\theta_1 + \theta_2) \\ (d_1 - d_3) \end{bmatrix} \tag{3.3}$$

と表されるから，ヤコビ行列は

$$J(\boldsymbol{q})=\begin{bmatrix}\partial r_1/\partial\theta_1 & \partial r_1/\partial\theta_2 & \partial r_1/\partial d_3\\ \partial r_2/\partial\theta_1 & \partial r_2/\partial\theta_2 & \partial r_2/\partial d_3\\ \partial r_3/\partial\theta_1 & \partial r_3/\partial\theta_2 & \partial r_3/\partial d_3\end{bmatrix}$$

$$=\begin{bmatrix}-a_2S\theta_1-a_3S(\theta_1+\theta_2) & -a_3S(\theta_1+\theta_2) & 0\\ a_2C\theta_1+a_3C(\theta_1+\theta_2) & a_3C(\theta_1+\theta_2) & 0\\ 0 & 0 & -1\end{bmatrix} \tag{3.4}$$

となる.

以上のように，定義に基づいてヤコビ行列を導出する場合には，関数の微分操作が必要となる．一方，微分関係式 (3.2) を次のように解釈すると，微分操作を介することなくヤコビ行列を導出できる.

ある瞬間に，図 3.3 の関節 i のみが動き，それ以外の関節は固定されていると考えよう.

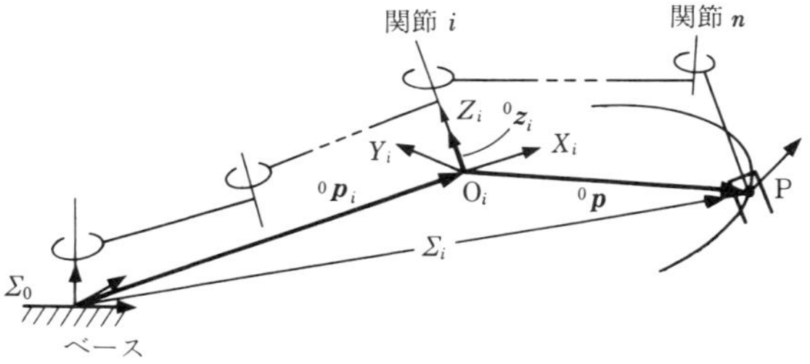

図 3.3　関節 i のみが動いた場合の手先の変化

関節 i が回転関節ならば，この関節はリンク座標系 $\Sigma_i(O_i\text{-}X_iY_iZ_i)$ の Z_i軸まわりに $\dot{q}_i$ の角速度で回転する．このとき，Z_i 軸の方向余弦をベース座標系 Σ_0 から見たベクトルを ${}^0\boldsymbol{z}_i$ とおくと，手先の点 P は $\dot{q}_i{}^0\boldsymbol{z}_i$ の角速度をもつ．また，Σ_i の原点の位置ベクトルを ${}^0\boldsymbol{p}_i$，点 P の位置ベクトルを ${}^0\boldsymbol{p}$ とおくと，点 P は $\dot{q}_i{}^0\boldsymbol{z}_i\times({}^0\boldsymbol{p}-{}^0\boldsymbol{p}_i)$ の並進速度をもつ．ただし，×記号はベクトルの外積を意味する．関節 i が直動関節ならば，Σ_i の Z_i 軸上を $\dot{q}_i$ の速度で並進移動するから，手先の点 P は $\dot{q}_i{}^0\boldsymbol{z}_i$ の並進速度だけをもつ．以上のように考えた各関節の動きの和が点 P の並進速度 ${}^0\dot{\boldsymbol{p}}$ および回転速度 ${}^0\dot{\boldsymbol{\phi}}$ となる．したがって，すべて回転関節

からなるロボットアームの場合

$$
\begin{aligned}
{}^0\dot{\boldsymbol{p}} &= \dot{q}_1{}^0\boldsymbol{z}_1\times({}^0\boldsymbol{p}-{}^0\boldsymbol{p}_1)+\dot{q}_2{}^0\boldsymbol{z}_2\times({}^0\boldsymbol{p}-{}^0\boldsymbol{p}_2)+\cdots+\dot{q}_n{}^0\boldsymbol{z}_n\times({}^0\boldsymbol{p}-{}^0\boldsymbol{p}_n)\\
{}^0\dot{\boldsymbol{\phi}} &= \dot{q}_1{}^0\boldsymbol{z}_1+\dot{q}_2{}^0\boldsymbol{z}_2+\cdots+\dot{q}_n{}^0\boldsymbol{z}_n
\end{aligned}
$$

と表され，まとめると

$$
\begin{bmatrix} {}^0\dot{\boldsymbol{p}} \\ \\ {}^0\dot{\boldsymbol{\phi}} \end{bmatrix} = \begin{bmatrix} {}^0\boldsymbol{z}_1\times({}^0\boldsymbol{p}-{}^0\boldsymbol{p}_1) & {}^0\boldsymbol{z}_2\times({}^0\boldsymbol{p}-{}^0\boldsymbol{p}_2) & \cdots & {}^0\boldsymbol{z}_n\times({}^0\boldsymbol{p}-{}^0\boldsymbol{p}_n) \\ \\ {}^0\boldsymbol{z}_1 & {}^0\boldsymbol{z}_2 & \cdots & {}^0\boldsymbol{z}_n \end{bmatrix} \begin{bmatrix} \dot{q}_1 \\ \dot{q}_2 \\ \\ \dot{q}_n \end{bmatrix} \tag{3.5}
$$

となる．これは，手先の位置・姿勢の変位ベクトル $\boldsymbol{r}=({}^0\boldsymbol{p},\ {}^0\boldsymbol{\phi})^T$ と関節変位ベクトル $\boldsymbol{q}=(q_1,\ q_2,\ \cdots,\ q_n)^T$ の間の微分関係式（3.2）に他ならない．したがってヤコビ行列は，関節 i が直動関節の場合も含めて次のように表現できる．

$$
J = [\boldsymbol{J}_1\, \boldsymbol{J}_2\ \cdots\ \boldsymbol{J}_n] \tag{3.6 a}
$$

$$
\boldsymbol{J}_i = \begin{cases} \begin{bmatrix} {}^0\boldsymbol{z}_i \times ({}^0\boldsymbol{p}-{}^0\boldsymbol{p}_i) \\ {}^0\boldsymbol{z}_i \end{bmatrix} & (\text{関節 } i \text{ が回転関節の場合}) \\ \begin{bmatrix} {}^0\boldsymbol{z}_i \\ \boldsymbol{0} \end{bmatrix} & (\text{関節 } i \text{ が直動関節の場合}) \end{cases} \tag{3.6 b}
$$

［**例題 3.1**］ 関数の微分を介して求めた図 2.16 の 3 リンクロボットアームのヤコビ行列を上記の解釈に従って導出してみよう．

この問題では，手先の位置ベクトル ${}^0\boldsymbol{p}$ の $\boldsymbol{q}$ に関するヤコビ行列を求めればよい．計算に必要な ${}^0\boldsymbol{z}_1$, ${}^0\boldsymbol{z}_2$, ${}^0\boldsymbol{z}_3$, ${}^0\boldsymbol{p}_1$, ${}^0\boldsymbol{p}_2$, ${}^0\boldsymbol{p}_3$ は前章の式（2.35）より

$$
{}^0\boldsymbol{z}_1 = {}^0\boldsymbol{z}_2 = -{}^0\boldsymbol{z}_3 = \begin{bmatrix} 0 \\ 0 \\ 1 \end{bmatrix},\quad {}^0\boldsymbol{p}_1 = \begin{bmatrix} 0 \\ 0 \\ d_1 \end{bmatrix},\quad {}^0\boldsymbol{p}_2 = \begin{bmatrix} a_2C\theta_1 \\ a_2S\theta_1 \\ d_1 \end{bmatrix}
$$

$$
{}^0\boldsymbol{p}_3 = {}^0\boldsymbol{p} = \begin{bmatrix} a_2C\theta_1 + a_3C(\theta_1+\theta_2) \\ a_2S\theta_1 + a_3S(\theta_1+\theta_2) \\ d_1 - d_3 \end{bmatrix}
$$

となるから

$$J=[\boldsymbol{J}_1\,\boldsymbol{J}_2\,\boldsymbol{J}_3],\quad \boldsymbol{J}_1={}^0\boldsymbol{z}_1\times({}^0\boldsymbol{p}-{}^0\boldsymbol{p}_1),\quad \boldsymbol{J}_2={}^0\boldsymbol{z}_2\times({}^0\boldsymbol{p}-{}^0\boldsymbol{p}_2),\quad \boldsymbol{J}_3={}^0\boldsymbol{z}_3$$

を具体的に計算してみれば，関数の微分を介して求めた式（3.4）と一致することが確認できる．

3.2 順運動学と逆運動学

手先の位置・姿勢の速度ベクトル $\dot{\boldsymbol{r}}$ と関節速度ベクトル $\dot{\boldsymbol{q}}$ の間の微分関係式

$$\dot{\boldsymbol{r}}=\boldsymbol{J}(\boldsymbol{q})\dot{\boldsymbol{q}} \tag{3.7}$$

に基づき，速度に関する運動学の問題について考えてみよう．位置に関する運動学と同様，$\dot{\boldsymbol{q}}$ が与えられたときに $\dot{\boldsymbol{r}}$ を求める問題を**順運動学**という．逆に，$\dot{\boldsymbol{r}}$ が与えられたときに $\dot{\boldsymbol{q}}$ を求める問題を**逆運動学**という．本章で取り上げた図3.2のタスクでは，手先に適切なスピードを与えるための各関節速度を決定しなければならないが，これは速度に関する逆運動学の解を求める問題に他ならない．以下では，$\dot{\boldsymbol{r}}$，$\dot{\boldsymbol{q}}$ をそれぞれ m，n 次元ベクトルと見なし，逆運動学の問題を一般的に考える．

3.2.1 $\boldsymbol{m}=\boldsymbol{n}$ の場合

ヤコビ行列 $J(\boldsymbol{q})$ が正則ならば，逆運動学の解は

$$\dot{\boldsymbol{q}}=J(\boldsymbol{q})^{-1}\dot{\boldsymbol{r}} \tag{3.8}$$

より一意に定まる．これに対して，ヤコビ行列 $J(\boldsymbol{q})$ が正則でない場合は，どのような関節速度 $\dot{\boldsymbol{q}}$ を選んでも目標の手先速度 $\dot{\boldsymbol{r}}$ は実現できない．このように，ロボットアームが

$$\det J(\boldsymbol{q})=0 \tag{3.9}$$

を満たすときの形状を**特異姿勢**（singular configuration）と呼び，その点 $\boldsymbol{q}$ を**特異点**と呼ぶ．

前節で求めた3リンクロボットアームのヤコビ行列（3.4）に対して特異点を求めてみよう．

$$\det J(\boldsymbol{q})=-a_2a_3\sin\theta_2=0$$

より，特異点は

$$\theta_2=0,\ \pi$$

を満たすときであり，リンク1とリンク2が同一直線上にある図3.4の形状が特異姿勢となる．このとき，関節をどのように動かしてもこの直線方向に手先を動かすことはできない．

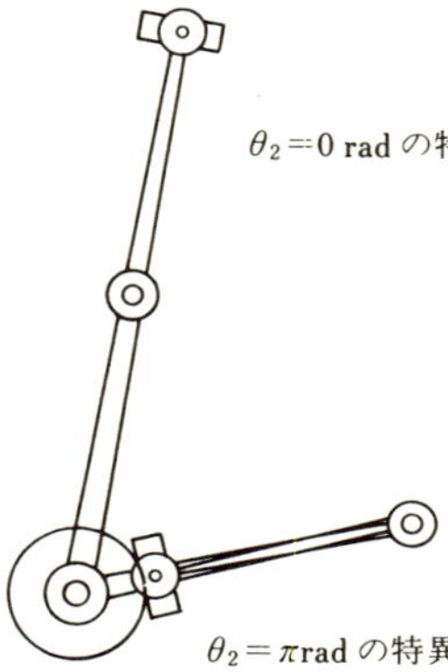

図 3.4　特異姿勢

以上に述べた特異点の物理的解釈から，特異姿勢に近づくと特定の方向に手先を動かしにくくなることがわかる．ロボットアームの形状によって手先の動かしやすさがどのように変化するかについて，3リンクロボットアームの例（図2.16）を用いて考察してみよう．まず，関節速度 $\dot{\boldsymbol{q}}=(\dot{\theta}_1,\ \dot{\theta}_2,\ \dot{d}_3)^T$ は$\|\dot{\boldsymbol{q}}\|\leqq 1$ を満たすものとする．ただし，$\|\dot{\boldsymbol{q}}\|$ はユークリッドノルム$\|\dot{\boldsymbol{q}}\|=(\dot{\theta}_1{}^2+\dot{\theta}_2{}^2+\dot{d}_3{}^2)^{1/2}$ を意味する．ロボットアームが特異姿勢にない場合，$\dot{\boldsymbol{q}}$ は手先速度 $\dot{\boldsymbol{r}}=(\dot{r}_1,\ \dot{r}_2,\ \dot{r}_3)^T$ を用いて

$$\dot{\boldsymbol{q}}=J(\boldsymbol{q})^{-1}\dot{\boldsymbol{r}}$$

と表されるから

$$\|\dot{\boldsymbol{q}}\|^2=\dot{\boldsymbol{q}}^T\dot{\boldsymbol{q}}=\dot{\boldsymbol{r}}^T(J(\boldsymbol{q})^{-1})^TJ(\boldsymbol{q})^{-1}\dot{\boldsymbol{r}}\leqq 1 \qquad (3.10)$$

となる．この不等式は，関節速度が$\|\dot{\boldsymbol{q}}\|\leqq 1$ を満たすときに手先速度 $\dot{\boldsymbol{r}}$ がとりうる領域を表しており，領域の境界は楕円体となる．この領域をロボットアームの上部から見ると図3.5のようになる．ただし，アーム長さを $a_2=a_3=1$ とし，$\dot{r}_1$，$\dot{r}_2$ の座標軸はそれぞれ r_1，r_2 の座標軸と平行にとっている．この図から，アームの形状の変化にあわせて楕円形状や主軸の方向が変化することがわ

かる．また，特異姿勢に近づくにつれてある方向に手先速度が大きく減少し，手先を動かしにくくなることが理解できる．

以上に示した楕円体は，手先の可操作性を表しているものと考えられ，**可操作性楕円体**と呼ばれる．また

$$w = |\det J(\boldsymbol{q})| \tag{3.11}$$

は**可操作度**と呼ばれ，特異姿勢からの一種の距離を表す量と解釈できる．可操作性に関する以上の考え方はロボットの機構設計を行う場合に特に有用であり，関節の自由度 n と手先の自由度 m が異なる場合にも容易に拡張できる．

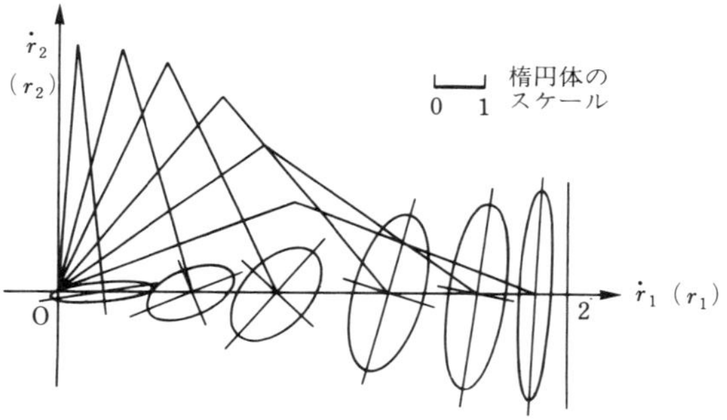

図 3.5 $\|\dot{q}\| \leqq 1$ のときに実現できる手先速度の領域（可操作性楕円体）

3.2.2 $\boldsymbol{m} < \boldsymbol{n}$ の場合

多くの関節をもつ人間はもとより，ロボットによっては手先の自由度よりも関節の自由度の方が大きい場合がある．この章で取り上げた例（図 3.2）では，ラケットの打ち返し点に対応した手先の位置が 2 次元ベクトルで表現されるのに対し，人間の身体を模擬したロボットアームの関節変位ベクトルは 4 次元となる．ここでは，手先速度 $\dot{\boldsymbol{r}}$ の次元 m が関節速度 $\dot{\boldsymbol{q}}$ の次元 n よりも小さい場合について，逆運動学の解を求める方法について考えてみよう．なお，$m \times n$ 行列となるヤコビ行列 $J(\boldsymbol{q})$ は

$$\operatorname{rank} J(\boldsymbol{q}) = m \tag{3.12}$$

を満たすものとする．このとき，目標の手先速度を与える関節速度は無限通り

存在する．この中から，以下の評価関数を最小にする解を求める．

$$G(\dot{\boldsymbol{q}}) = \dot{\boldsymbol{q}}^T W \dot{\boldsymbol{q}} \tag{3.13}$$

ただし W は，$\dot{\boldsymbol{q}} \neq 0$ を満たすすべてのベクトルに対して $G(\dot{\boldsymbol{q}}) > 0$ となる $n \times n$ 行列（正定値行列）である．

式（3.13）の $G(\dot{\boldsymbol{q}})$ を制約条件 $\dot{\boldsymbol{r}} - J(\boldsymbol{q})\dot{\boldsymbol{q}} = 0$ のもとで最小化する問題は，**ラグランジュの未定定数** $\boldsymbol{\lambda} = (\lambda_1, \lambda_2, \cdots, \lambda_m)^T$ を用いて式（3.13）を書き換えた

$$G(\dot{\boldsymbol{q}}, \boldsymbol{\lambda}) = \dot{\boldsymbol{q}}^T W \dot{\boldsymbol{q}} + \boldsymbol{\lambda}^T(\dot{\boldsymbol{r}} - J(\boldsymbol{q})\dot{\boldsymbol{q}}) \tag{3.14}$$

の極値条件を解くことによって求めることができる．すなわち

$$\frac{\partial G}{\partial \dot{\boldsymbol{q}}} = 0 \quad \text{より} \quad 2W\dot{\boldsymbol{q}} - J^T\boldsymbol{\lambda} = 0 \tag{3.15}$$

が得られ

$$\frac{\partial G}{\partial \boldsymbol{\lambda}} = 0 \quad \text{より} \quad \dot{\boldsymbol{r}} - J(\boldsymbol{q})\dot{\boldsymbol{q}} = 0 \tag{3.16}$$

が得られる．式（3.16）は，もともとの制約条件に他ならない．このとき，式（3.15）より

$$\dot{\boldsymbol{q}} = \frac{1}{2} W^{-1} J^T \boldsymbol{\lambda} \tag{3.17}$$

となる．これを式（3.16）に代入すると

$$(JW^{-1}J^T)\boldsymbol{\lambda} = 2\dot{\boldsymbol{r}} \tag{3.18}$$

であり，式（3.12）の条件から行列 $(JW^{-1}J^T)$ が正則となることから

$$\boldsymbol{\lambda} = 2(JW^{-1}J^T)^{-1}\dot{\boldsymbol{r}} \tag{3.19}$$

と求まる．これを式（3.17）に代入すると

$$\dot{\boldsymbol{q}} = W^{-1}J^T(JW^{-1}J^T)^{-1}\dot{\boldsymbol{r}} \tag{3.20}$$

と解が求まる．評価関数（3.13）は重み W を付けた $\dot{\boldsymbol{q}}$ のノルムと考えられるから，式（3.20）の右辺の $\dot{r}$ にかかる行列 $W^{-1}J^T(JW^{-1}J^T)^{-1}$ を J の**ノルム最小化逆行列**と呼ぶ．また，重み行列 W を単位行列に選ぶと，式（3.20）は

$$\dot{\boldsymbol{q}} = J^T(JJ^T)^{-1}\dot{\boldsymbol{r}} \tag{3.21}$$

となる．この式の右辺の行列

$$J^+ = J^T(JJ^T)^{-1} \tag{3.22}$$

は J の**疑似逆行列**と呼ばれ，$m \times n$ 行列の逆行列の1つとしてよく用いられる．なお式（3.16）を満たす一般解は，疑似逆行列を用いると

$$\dot{\boldsymbol{q}} = J^{+}\dot{\boldsymbol{r}} + (I - J^{+}J)\boldsymbol{v} \tag{3.23}$$

と表すことができる．ただし，$\boldsymbol{v}$ は任意の n 次元実数ベクトルである．式（3.23）を式（3.16）に代入してみれば，解となることが確認できる．

［**例題 3.2**］ テニスの水平面内のスイング動作について考えてみよう．

図 3.6 は，初期姿勢における頭部を基準点にとり，動作時の肩，手首，ラケットのインパクトポイントに注目して身体とラケットをモデル化したものである．

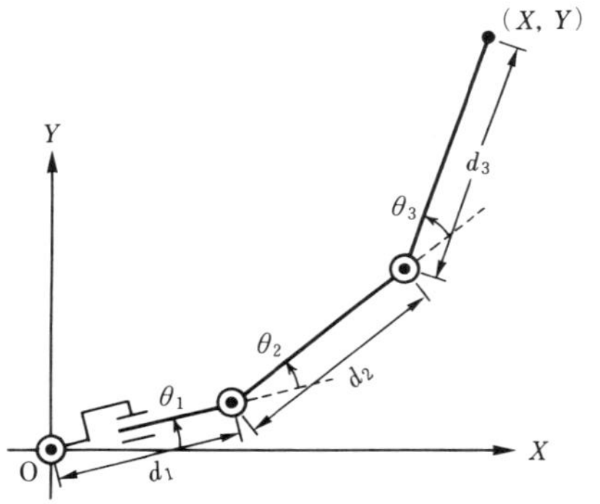

図 3.6 4 自由度ロボットアームによるスイング動作

基準点に対する肩の位置は，下半身や胴部の動きによって自由に変えることができることを考慮し，基準点と肩の間に回転と直動の 2 つの関節を設けている．残りの肩と手首の回転関節と合わせ，4 自由度のロボットアームと見なしている．熟練者のスイング動作を観察すると（図 3.1），ラケットのインパクトポイントの軌跡が基準点を中心とする円軌道に近く，しかもインパクトの瞬間まで滑らかに加速している．このインパクトポイントの動きを実現するための各関節速度を決定する逆運動学の解を求める．

インパクトポイントの座標を基準点上に設けた座標系 O-XY で $(X,\ Y)$ とすると，関節変数を用いて

$$X = d_1 C\theta_1 + d_2 C(\theta_1 + \theta_2) + d_3 C(\theta_1 + \theta_2 + \theta_3)$$
$$Y = d_1 S\theta_1 + d_2 S(\theta_1 + \theta_2) + d_3 S(\theta_1 + \theta_2 + \theta_3)$$

となる．したがって，インパクトポイントの位置ベクトル $\boldsymbol{r} = (X,\ Y)^T$ と関節変位ベ

クトル $\boldsymbol{q}=(\theta_1,\ d_1,\ \theta_2,\ \theta_3)^T$ の間の速度関係式

$$\dot{\boldsymbol{r}}=J(\boldsymbol{q})\dot{\boldsymbol{q}} \tag{3.24}$$

を得る．ただし，ヤコビ行列 $J(\boldsymbol{q})$ は

$$J(\boldsymbol{q})=\begin{bmatrix} -(d_1S_1+d_2S_{12}+d_3S_{123}) & C_1 & -(d_2S_{12}+d_3S_{123}) & -d_3S_{123} \\ (d_1C_1+d_2C_{12}+d_3C_{123}) & S_1 & (d_2C_{12}+d_3C_{123}) & d_3C_{123} \end{bmatrix} \tag{3.25}$$

となる．なお，$S_{12}=\sin(\theta_1+\theta_2)$，$C_{12}=\cos(\theta_1+\theta_2)$ のように簡略化して表記している．

いま，インパクトポイントの位置ベクトルが初期時刻 $t=0$ からインパクトの時刻 $t=T$ まで図 3.7 に示す原点を中心とする円軌道に沿って

$$\boldsymbol{r}(t)=\begin{bmatrix} R\sin(\phi+\phi_0) \\ -R\cos(\phi+\phi_0) \end{bmatrix}\quad 0\leqq t\leqq T\quad (ただし\quad \phi=\omega t^2) \tag{3.26}$$

のように等加速円運動するものとすると，その動きを実現する関節変位ベクトル $\boldsymbol{q}(t)$ は，式（3.24）より求めることができる．ただし，ヤコビ行列が 2×4 行列であることから，解は唯一には決まらない．ここでは，ノルム最小化逆行列を用いて式（3.24）の解 $\dot{\boldsymbol{q}}$ を求め，さらに時間積分し形状の変化として図 3.8 に示す．なお，各パラメータの値は

$$R=0.97,\ \ \omega=\pi/2,\ \ T=1.0,\ \ d_2=0.3,\ \ d_3=0.5$$

とおき，関節変位ベクトルの初期値は

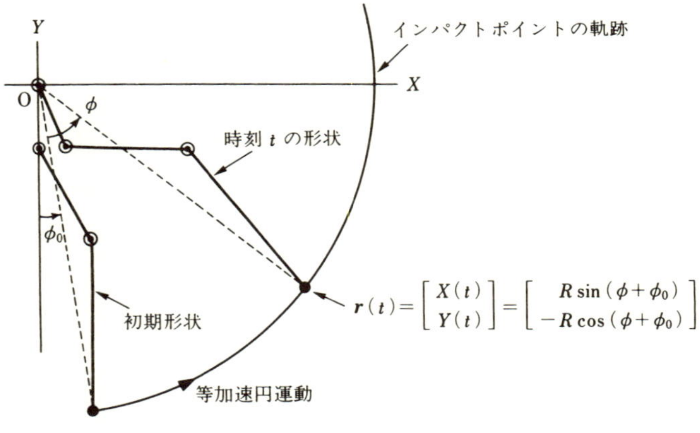

図 3.7　インパクトポイントを原点Oを中心とする円軌道に沿って等加速する動作

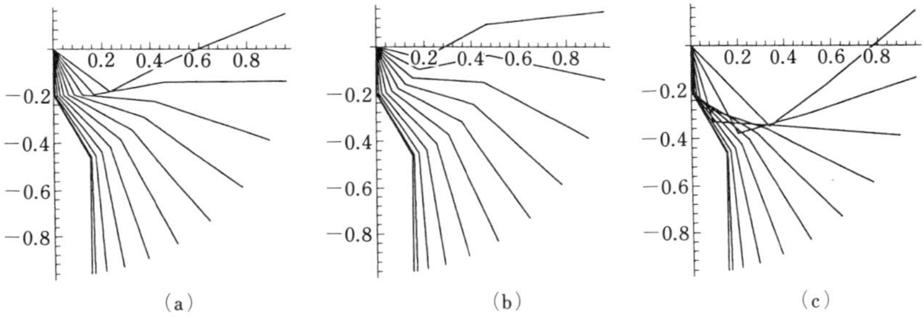

図 3.8 (a) $\boldsymbol{r}=(x, y)^T$, $W=\mathrm{diag}\,(1, 1, 1, 1)$ のときの解
(b) $\boldsymbol{r}=(x, y)^T$, $W=\mathrm{diag}\,(0.2, 0.2, 1, 1)$ のときの解
(c) $\boldsymbol{r}=(x, y)^T$, $W=\mathrm{diag}\,(1, 1, 0.2, 0.2)$ のときの解

$$\boldsymbol{q}(0)=\begin{bmatrix}\theta_1(0)\\ d_1(0)\\ \theta_2(0)\\ \theta_3(0)\end{bmatrix}=\begin{bmatrix}-\pi/2\\ 0.2\\ \pi/6\\ -\pi/6\end{bmatrix}$$

とした．各図とも $T/10$ ごとの形状を表現している．これらの図から，重み行列 W の与え方によって形状が大きく変化することがわかる．また，インパクトポイントの位置だけに注目しているので，インパクトの瞬間のラケットの姿勢が不適切となる．

次に，ラケットの姿勢も考慮して逆運動学の問題を解いてみよう．ラケットの姿勢 θ は

$$\theta=\theta_1+\theta_2+\theta_3$$

と表されるから，インパクトポイントの位置とラケットの姿勢を表すベクトル

$$\boldsymbol{r}=(X,\ Y,\ \theta)^T$$

に関するヤコビ行列は

$$J(\boldsymbol{q})=\begin{bmatrix}-(d_1S_1+d_2S_{12}+d_3S_{123}) & C_1 & -(d_2S_{12}+d_3S_{123}) & -d_3S_{123}\\ (d_1C_1+d_2C_{12}+d_3C_{123}) & S_1 & (d_2C_{12}+d_3C_{123}) & d_3C_{123}\\ 1 & 0 & 1 & 1\end{bmatrix} \tag{3.27}$$

となる．インパクトポイントが X 軸を横切る瞬間にラケットの姿勢が X 軸方向に向くよう $\theta(t)$ を等加速させる場合について，逆運動学の解を求めた結果を図 3.9 に示す．各図とも $T/20$ ごとの形状を表現している．インパクトの瞬間にラケットの姿勢が必

ず X 軸方向を向いていること，重み行列 W のとり方によって関節の動きが大きく変化することがわかる．

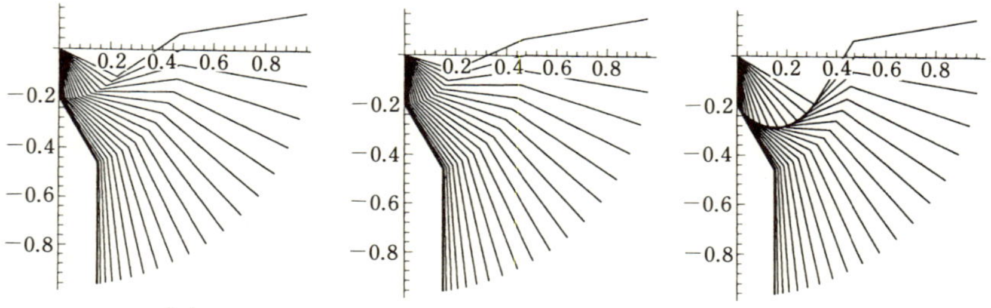

(a)　　(b)　　(c)

図 3.9 (a) $\boldsymbol{r}=(x, y, \theta)^T$, $W=\mathrm{diag}\,(1, 1, 1, 1)$ のときの解
(b) $\boldsymbol{r}=(x, y, \theta)^T$, $W=\mathrm{diag}\,(0.1, 0.1, 1, 1)$ のときの解
(c) $\boldsymbol{r}=(x, y, \theta)^T$, $W=\mathrm{diag}\,(1, 1, 0.1, 0.1)$ のときの解

演習問題

3.1 2章の問題 2.1 のユニバーサルジョイントにおいて，入力軸の角速度 α に対する出力軸の角速度 β の関係を求めよ．

3.2 図 3.10 に示す XY 平面内を動く平行四辺形 5 節リンクアームを考える．モータ 1 がリンク L_1 を，モータ 2 がリンク L_2' を回転させる．このとき，アーム先端 P_r の XY 方向速度とモータの回転速度を関係づけるヤコビ行列を記述せよ．

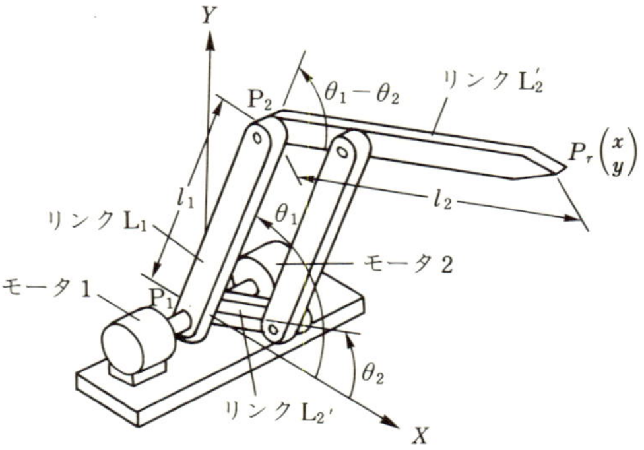

図 3.10

3.3　図3.11のような3自由度ロボットアームを考える．各関節角度を θ_1, θ_2, θ_3，手先の位置・姿勢（X 軸と手先リンクのなす角度）を x, y, α，また各リンク長を $l_1=1.0$ (m)，$l_2=2.0$ (m)，$l_3=0.5$ (m) とするとき，以下の問に答えよ．

(1)　座標　(θ_1, θ_2, θ_3) と (x, y, α) の間のヤコビ行列を求めよ．

(2)　(θ_1, θ_2, θ_3) = ($2\pi/3$, $\pi/3$, $2\pi/3$) (rad) のとき，各関節が (0.5, 0.5, 1.0) (rad/s) の角速度で動くと，手先の位置・姿勢の速度はどのようになるか．

(3)　(2)と同様の関節角度のとき，手先を $\dot{x}=1.0$ (m/s)，$\dot{y}=1.0$ (m/s) の速度で動かしたい．手先の姿勢はどのように変化してもよいとして

$$v_2 = \dot{\theta}_1{}^2 + \dot{\theta}_2{}^2 + \dot{\theta}_3{}^2$$

を最小にするような各関節角速度を求めよ．

(4)　手先の姿勢を $\alpha=0.0$ (rad) に保ったまま手先をAからBへ直線的に移動させる場合，アームが特異形状になることがあるか．あるとすれば，どのような形状のときか．ただし，A, Bの座標を$(1/2, 2\sqrt{3}/3)$, $(5/2, 0)$ とする．

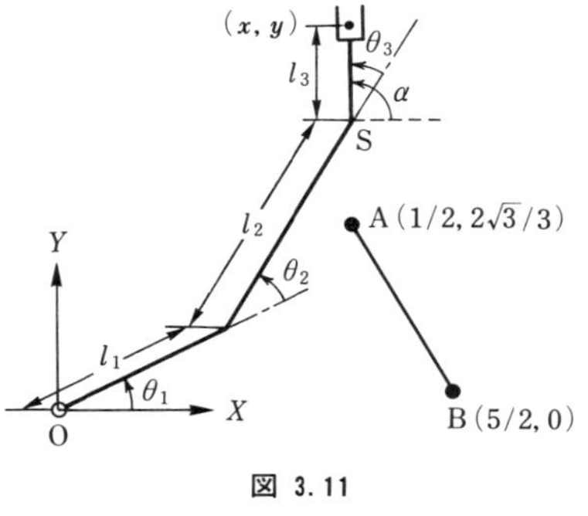

図 3.11

4　マニピュレーションIII
― 静　力　学 ―

前章までで取り上げたタスクでは，手先や手に持った物体が外部の環境と接触せず，自由に操作できる状況にあった．一方，ドアのノブを回して開閉したり，窓ガラスを磨く場合のように，手先や手に持った物体が外部環境と接触することを前提とするタスクも存在する．このようなタスクを実行するには，手先から外部環境に適切な力やモーメントを加えることが必要となる．本章では，このようなタスクの典型例として，部品組立の中で頻繁に行われる部品のはめ合いタスクを取り上げる．

図 4.1 は，ロボットアームで把持された円柱棒を穴に挿入する状況を示している．同じタスクをわれわれ人間が実行する場合には，棒に加わる外力を手先の触覚を通して知覚し，手先に加える力やモーメントを微妙に調整しながら挿入作業を進める．これと同様な処理をロボットアームで実行する場合に必要となる静力学的な関係を考えてみよう．

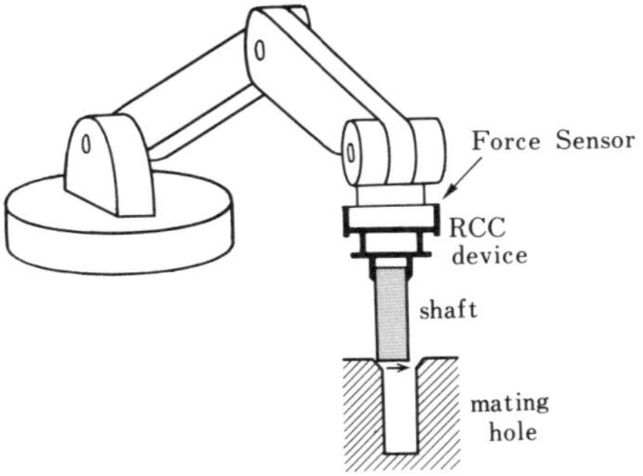

図 4.1　（タスク例３）「部品のはめ合い：円柱棒を部品穴にむりなく挿入する」

4.1 力・モーメントの座標変換

n 自由度のロボットアームを考えよう．このロボットの形状は n 個の独立なパラメータで表現できるが，パラメータのとり方は自由である．関節変位ベクトル $\boldsymbol{q}$ の要素 $q_i(i=1, \cdots, n)$ もパラメータのとり方の一例であり，自由度の数よりも多いパラメータの組合せを選ぶこともできる．このような一組のパラメータを一般化座標と呼ぶ．いま，m 個のパラメータからなる一般化座標を $x_i(i=1, \cdots, m)$ とし，各座標の正方向に力（モーメント）$f_i(i=1, \cdots, m)$ が作用したとする．この力を**一般化力**と呼ぶ．この一般化力による**仮想仕事** δW は，任意の**仮想変位** δx_i に対して

$$\delta W = \sum_{i=1}^{m} f_i \delta x_i$$

となる．あるいは，ベクトル表現

$$\boldsymbol{F} = [f_1, \cdots, f_m]^T, \ \ \delta \boldsymbol{x} = [\delta x_1, \cdots, \delta x_m]^T$$

を用いて

$$\delta W = \boldsymbol{F}^T \delta \boldsymbol{x} \tag{4.1}$$

となる．ここで，一般化座標 $x_i(i=1, \cdots, m)$ が関節変位ベクトル q の関数として

$$x_i = f_i(\boldsymbol{q}) \quad (i=1, \cdots, m)$$

と表されるものとすると，仮想変位 δx_i を仮想変位 $\delta q_i(i=1, \cdots, n)$ で表現することができる．すなわち

$$\delta x_j = \sum_{i=1}^{n} \frac{\partial x_j}{\partial q_i} \delta q_i \quad (j = 1, \cdots, m)$$

あるいはベクトル表現して

$$\delta \boldsymbol{x} = J(\boldsymbol{q}) \delta \boldsymbol{q} \tag{4.2}$$

を得る．上式中の $J(\boldsymbol{q})$ は，座標変換を表すヤコビ行列に他ならない．式（4.2）を式（4.1）に代入すると

$$\delta W = \boldsymbol{F}^T J(\boldsymbol{q}) \delta \boldsymbol{q} \tag{4.3}$$

を得る．仮想仕事は一般化座標のとり方に無関係であるから，関節変位 q_i に対応した力（モーメント）$\tau_i(i=1, \cdots, n)$ が作用する場合にも

$$\delta W = \boldsymbol{\tau}^T \delta \boldsymbol{q} \tag{4.4}$$

となる．ただし，$\boldsymbol{\tau} = [\tau_1, \cdots, \tau_n]^T$ とおいた．式（4.4）を式（4.3）に代入し，$\delta \boldsymbol{q}$ の任意性を考慮すると

$$\boldsymbol{\tau} = J(\boldsymbol{q})^T \boldsymbol{F} \tag{4.5}$$

を得る．すなわち，一般化力は上式を通して座標変換できる．

［**例題 4.1**］ 図 4.2 のロボットアームがベース座標系（O-XY）で $\boldsymbol{F}$ の力を外界に及ぼしているものとする．関節変位ベクトルと手先座標の間のヤコビ行列を J とし，このときの $\boldsymbol{F}$ に等価な関節駆動力 $\boldsymbol{\tau}$ を求めてみよう．

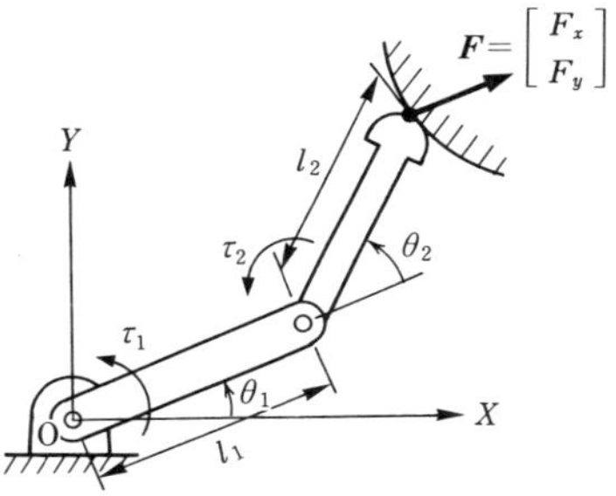

図 4.2 外界に及ぼす力 $\boldsymbol{F}$ と関節駆動力の関係

一般化力は式（4.5）によって座標変換できるから，$\boldsymbol{F}$ に等価な関節駆動力は

$$\boldsymbol{\tau} = J^T \boldsymbol{F}$$

より求められる．すなわち，この関節駆動力 $\boldsymbol{\tau}$ によって外界に及ぼす力 $\boldsymbol{F}$ が生成される．なお $\boldsymbol{F}$ と $\boldsymbol{\tau}$ の次元が等しく，ロボットアームが特異姿勢にあるときは，ある特定の方向の力 $\boldsymbol{F}$ に対して関節駆動力はゼロとなる．たとえば，平面 2 自由度ロボットアームが図 4.3 のような特異姿勢にある場合，リンク方向に作用する手先力 $\boldsymbol{F}(\|\boldsymbol{F}\| = f)$ を関節駆動力に変換すると

$$\boldsymbol{F} = (f C\theta_1,\ f S\theta_1)^T$$

$$J = \begin{bmatrix} -1_1 S\theta_1 - 1_2 S(\theta_1 + \theta_2) & -1_2 S(\theta_1 + \theta_2) \\ 1_1 C\theta_1 + 1_2 C(\theta_1 + \theta_2) & 1_2 C(\theta_1 + \theta_2) \end{bmatrix}$$

より，特異形状 $\theta_2 = 0$ では $\boldsymbol{\tau} = J^T \boldsymbol{F} = 0$ となる．これは，ロボットの手先に働く外力 $-\boldsymbol{F}$ と釣合う関節駆動力はゼロであることを意味しており，関節駆動力がゼロでも

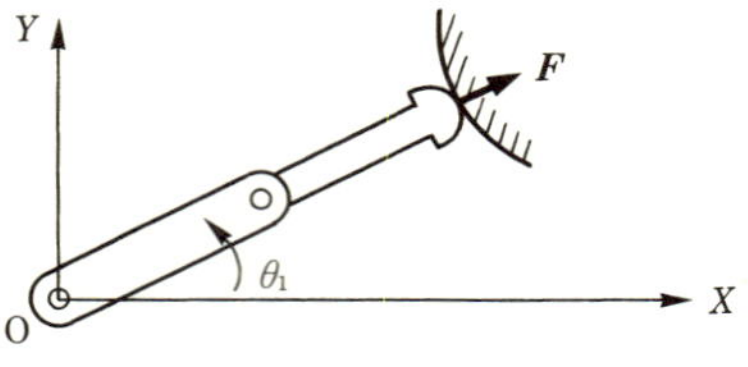

図 4.3　特異姿勢における静力学

手先に働く外力 $-\boldsymbol{F}$ と釣合う力 $\boldsymbol{F}$ を機構的な拘束力として生成できる．また，この方向には手先速度を生成できないことにも対応している．

図 4.1 の円柱棒を穴に挿入するタスクに戻ろう．関節の駆動力を調整して手先あるいは棒の先端に適切な力やモーメントを与えることができることがわかった．残る問題は，棒に加わる外力をいかに計測するかであり，以下では図 4.1 のアーム先端に装着した力センサによる計測結果から棒の先端に働く外力を求める方法について考える．ただし，棒はアーム先端にしっかり固定されたまま穴の一部と接触して静止しており，重力は考慮しないものとする．センサ座標系で表現された力やモーメントを棒の先端に設けた座標系に変換するこの問題を検討するために，図 4.4 に示すようにセンサ部分にセンサ座標系 Σ_s を，棒の先端に部品座標系 Σ_p を設ける．また，ロボットアームのベースに固定した座標系を Σ_0, Σ_p の原点に作用する力とモーメントを Σ_0 で ${}^0\boldsymbol{f}_p$, ${}^0\boldsymbol{n}_p$ と表現する．

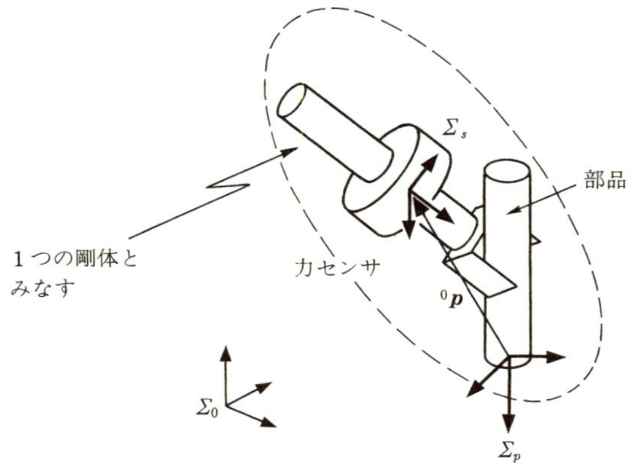

図 4.4　部品座標系 Σ_p と力センサ座標系 Σ_s

力センサを含む手先と把持された部品を一つの剛体と見なすと，${}^0\boldsymbol{f}_p$，${}^0\boldsymbol{n}_p$ に等価な Σ_s の原点に作用する力とモーメント ${}^0\boldsymbol{f}_s$，${}^0\boldsymbol{n}_s$ の間には

$$ {}^0\boldsymbol{f}_p = {}^0\boldsymbol{f}_s \tag{4.6} $$

$$ {}^0\boldsymbol{n}_p = {}^0\boldsymbol{n}_s + {}^0\boldsymbol{p} \times {}^0\boldsymbol{f}_s \tag{4.7} $$

の関係が成り立つ．ただし，${}^0\boldsymbol{p}$ は Σ_s の原点の Σ_p の原点に対する相対ベクトルを Σ_0 で表したものである．式(4.6)の両辺に左から回転行列 ${}^pR_0$ を掛けると

$$ {}^p\boldsymbol{f}_p = {}^p\boldsymbol{f}_s $$

となる．また，${}^p\boldsymbol{f}_s = {}^pR_s{}^s\boldsymbol{f}_s$ より

$$ {}^p\boldsymbol{f}_p = {}^pR_s{}^s\boldsymbol{f}_s \tag{4.8} $$

を得る．同様にして，式（4.7）は

$$ {}^p\boldsymbol{n}_p = {}^p\boldsymbol{n}_s + {}^pR_0({}^0\boldsymbol{p} \times {}^0\boldsymbol{f}_s) \tag{4.9} $$

となる．ここで

$$ {}^pR_0({}^0\boldsymbol{p} \times {}^0\boldsymbol{f}_s) = ({}^pR_0{}^0\boldsymbol{p}) \times ({}^pR_0{}^0\boldsymbol{f}_s) $$

の関係を用いると

$$ {}^p\boldsymbol{n}_p = {}^p\boldsymbol{n}_s + {}^p\boldsymbol{p} \times {}^p\boldsymbol{f}_s $$

となり，さらに

$$ {}^p\boldsymbol{n}_p = {}^pR_s{}^s\boldsymbol{n}_s + {}^p\boldsymbol{p} \times ({}^pR_s{}^s\boldsymbol{f}_s) \tag{4.10} $$

を得る．以上の式(4.8)，(4.10)より，センサ座標系 Σ_s で表された力とモーメント ${}^s\boldsymbol{f}_s$，${}^s\boldsymbol{n}_s$ は，部品座標系 Σ_p で表された力とモーメント ${}^p\boldsymbol{f}_p$，${}^p\boldsymbol{n}_p$ に変換される．

なお，任意の 3 次元ベクトル $\boldsymbol{a} = [a_x,\ a_y,\ a_z]^T$ に対して

$$ [\boldsymbol{a}\times] = \begin{bmatrix} 0 & -a_z & a_y \\ a_z & 0 & -a_x \\ -a_y & a_x & 0 \end{bmatrix} $$

とおき，任意の 3 次元ベクトル $\boldsymbol{b}$ との外積 $\boldsymbol{a} \times \boldsymbol{b}$ を

$$ \boldsymbol{a} \times \boldsymbol{b} = [\boldsymbol{a}\times]\boldsymbol{b} $$

と表現すれば，式(4.8)，(4.10)は

$$ \begin{bmatrix} {}^p\boldsymbol{f}_p \\ {}^p\boldsymbol{n}_p \end{bmatrix} = \begin{bmatrix} {}^pR_s & 0 \\ [{}^p\boldsymbol{p}\times]{}^pR_s & {}^pR_s \end{bmatrix} \begin{bmatrix} {}^s\boldsymbol{f}_s \\ {}^s\boldsymbol{n}_s \end{bmatrix} \tag{4.11} $$

とまとめられる．Σ_s の Σ_p に関するヤコビ行列を ${}^sJ_p$ とすると，上式の右辺左の行列はこのヤコビ行列を転置した ${}^sJ_p{}^T$ に他ならない．

［**例題 4.2**］ 剛体上に設けた 2 つの座標系から見た力とモーメントの関係式(4.11)を，

2つの座標系の間の速度関係式から導いてみよう．

まず，剛体が Σ_0 の座標系から見て ${}^0\boldsymbol{\omega}$ の角速度で運動しているものとすると，剛体上に設けられた座標系 Σ_s，Σ_p も同じ角速度で回転運動するから，Σ_s，Σ_p の角速度 ${}^0\boldsymbol{\omega}_s$，${}^0\boldsymbol{\omega}_p$ の間には

$$ {}^0\boldsymbol{\omega}_s = {}^0\boldsymbol{\omega}_p = {}^0\boldsymbol{\omega} \tag{4.12} $$

の関係が成り立つ．一方図 4.4 において，Σ_s，Σ_p の各原点の位置ベクトルを Σ_0で表した ${}^0\boldsymbol{p}_s$，${}^0\boldsymbol{p}_p$ の間には

$$ {}^0\boldsymbol{p}_s = {}^0\boldsymbol{p}_p + {}^0R_p\,{}^p\boldsymbol{p} \tag{4.13} $$

の関係が成り立つ．ただし，${}^0R_p$，${}^p\boldsymbol{p}$ はそれぞれ Σ_0 と Σ_p の間の回転行列，Σ_p の原点からΣ_sの原点への相対ベクトルをΣ_p で表現したものである．式(4.13)の両辺を時間で微分すると

$$ {}^0\dot{\boldsymbol{p}}_s = {}^0\dot{\boldsymbol{p}}_p + d/dt\,({}^0R_p\,{}^p\boldsymbol{p}) \tag{4.14} $$

となる．ここで，ベクトル ${}^p\boldsymbol{p}$ は剛体上に設けた座標系 Σ_s，Σ_p の原点間の相対ベクトルであることから，${}^p\dot{\boldsymbol{p}} = 0$ となることに注意すると

$$ d/dt\,({}^0R_p\,{}^p\boldsymbol{p}) = d/dt\,({}^0R_p)\,{}^p\boldsymbol{p} $$

となる．回転行列の時間微分 $d/dt\,({}^0R_p)$ は，${}^0R_p$ の各列ベクトルが Σ_p の各座標軸上の単位ベクトルを表していることから，剛体の角速度 ${}^0\omega$ を用いて

$$ d/dt\,({}^0R_p) = {}^0\boldsymbol{\omega} \times {}^0R_p $$

と表される（演習問題 4.1）．以上の事柄と式（4.12）より式（4.14）は

$$ {}^0\dot{\boldsymbol{p}}_s = {}^0\dot{\boldsymbol{p}}_p + {}^0\boldsymbol{\omega}_p \times {}^0R_p\,{}^p\boldsymbol{p} \tag{4.15} $$

となる．式(4.15)の両辺に左から ${}^sR_0$ を掛けると

$$ {}^s\dot{\boldsymbol{p}}_s = {}^sR_0\ {}^0\dot{\boldsymbol{p}}_p + {}^sR_0({}^0\boldsymbol{\omega}_p \times {}^0R_p\,{}^p\boldsymbol{p}) $$

また，${}^0R_p\,{}^pR_0 = I$ より

$$ \begin{aligned} {}^s\dot{\boldsymbol{p}}_s &= {}^sR_0\,({}^0R_p\,{}^pR_0)\,{}^0\dot{\boldsymbol{p}}_p + {}^sR_0\,({}^0R_p\,{}^pR_0)\,({}^0\boldsymbol{\omega}_p \times {}^0R_p\,{}^p\boldsymbol{p}) \\ &= {}^sR_p\,{}^p\dot{\boldsymbol{p}}_p + {}^sR_p\,{}^pR_0({}^0\boldsymbol{\omega}_p \times {}^0R_p\,{}^p\boldsymbol{p}) \\ &= {}^sR_p\,{}^p\dot{\boldsymbol{p}}_p + {}^sR_p({}^p\boldsymbol{\omega}_p \times {}^p\boldsymbol{p}) \\ &= {}^sR_p\,{}^p\dot{\boldsymbol{p}}_p - {}^sR_p[{}^p\boldsymbol{p}\times]\,{}^p\boldsymbol{\omega}_p \end{aligned} \tag{4.16} $$

となる．以上で求められた式（4.12），(4.16）をまとめると

$$ \begin{bmatrix} {}^s\dot{\boldsymbol{p}}_s \\ \\ {}^s\boldsymbol{\omega}_s \end{bmatrix} = \begin{bmatrix} {}^sR_p & -{}^sR_p[{}^p\boldsymbol{p}\times] \\ \\ 0 & {}^sR_p \end{bmatrix} \begin{bmatrix} {}^p\dot{\boldsymbol{p}}_p \\ \\ {}^p\boldsymbol{\omega}_p \end{bmatrix} \tag{4.17} $$

となり，Σ_s の Σ_p に関するヤコビ行列 ${}^sJ_p$ が

$$
{}^sJ_p = \begin{bmatrix} {}^sR_p & -{}^sR_p\,[{}^p\boldsymbol{p}\times] \\ 0 & {}^sR_p \end{bmatrix}
$$

と表されることがわかる．したがって，2つの座標系 Σ_s, Σ_p から見た力とモーメントの関係式は

$$
\begin{bmatrix} {}^p\boldsymbol{f}_p \\ {}^p\boldsymbol{n}_p \end{bmatrix} = {}^sJ_p{}^T \begin{bmatrix} {}^s\boldsymbol{f}_s \\ {}^s\boldsymbol{n}_s \end{bmatrix} \tag{4.18}
$$

となり，式（4.11）と同じ結果が導かれる．

4.2 コンプライアンス

腕を前方にしっかり伸ばした状態にしておいて手先に急に重い物を載せると，手先の位置が大きく変化する．載せる物が重くなればなるほど，位置の変化量が増える．また，手先に負荷がかかることが事前にわかっている場合には，腕全体をかたくして負荷に備えるため，負荷が加わった直後の手先位置は不意の場合に比べて変化が小さくなる．本節では，われわれが日常経験する以上のような身体の特性について，ロボットアームのモデルを用い解析してみよう．

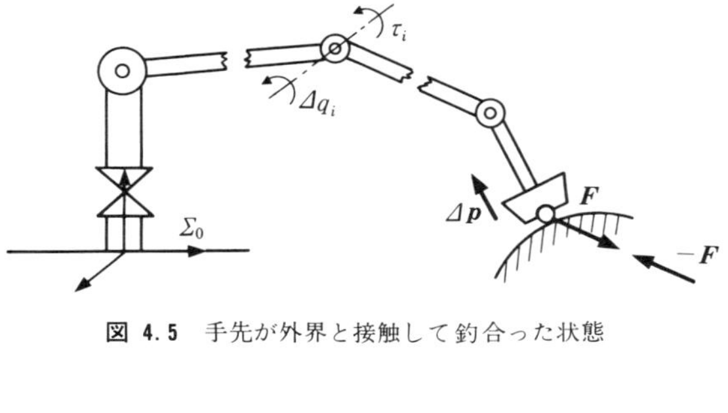

図 4.5 手先が外界と接触して釣合った状態

図 4.5 に示すような静的に釣合った状態を考える．n 自由度のアームが外界に及ぼす力やモーメントを $\boldsymbol{F}$ とし，手先は $\Delta\boldsymbol{p}$ だけ変位して釣合っているものと

する．なお，いずれもベース座標系 Σ_0 で表現された m 次元ベクトルとする．アームを構成している各リンクは剛体であるものと仮定し重力や摩擦の影響を無視すると，外界に作用する手先力 $\boldsymbol{F}$ に等価な関節トルク $\boldsymbol{\tau}$ は

$$\boldsymbol{\tau} = J^T \boldsymbol{F} \tag{4.19}$$

となる．ただし，J は手先速度と関節速度を関係づけるヤコビ行列である．この関節トルクは関節変位によって生じたものに他ならない．関節が変位する要因は，主として関節を駆動するアクチュエータの制御特性によるものである．アクチュエータには，関節変位の目標値と実際値の誤差に基づいて駆動力（トルク）が生成されるフィードバック制御系が組まれており，フィードバック系のループゲインに対応した**サーボ剛性**をもっている．実際には，アクチュエータと関節の間に存在する減速器や伝達メカニズムの機械剛性も関節が変位する要因となる．これらをまとめて，関節 i で生成される力やトルク τ_i と変位 Δq_i の関係はばね定数 k_i を用いて

$$\tau_i = -k_i \Delta q_i \quad (i = 1, \cdots, n)$$

あるいはベクトル形式で

$$\boldsymbol{\tau} = -K\Delta \boldsymbol{q} \quad (K = \mathrm{diag}(k_i),\ \Delta \boldsymbol{q} = [q_1, \cdots, q_n]^T) \tag{4.20}$$

とモデル化できるものとしよう．ところで，手先の変位 $\Delta \boldsymbol{p}$ と関節変位 $\Delta \boldsymbol{q}$ がいずれも微小であるものと考えると

$$\Delta \boldsymbol{p} = J\Delta \boldsymbol{q} \tag{4.21}$$

の関係が近似的に成り立つ．なお J は，外力が作用していないときのアーム姿勢に対応するヤコビ行列である．このとき，式 (4.19)，(4.20) を式 (4.21) に代入すると

$$\Delta \boldsymbol{p} = -C\boldsymbol{F} \tag{4.22}$$

となる．ただし，

$$C = JK^{-1}J^T \tag{4.23}$$

である．式 (4.22) は，アーム先端に作用する外力が $-\boldsymbol{F}$ と書けることから，外力を改めて $\boldsymbol{F}^* = -\boldsymbol{F}$ とおくと

$$\Delta \boldsymbol{p} = C\boldsymbol{F}^* \tag{4.24}$$

と表せ，手先の変位 $\Delta \boldsymbol{p}$ が外力 $\boldsymbol{F}^*$ と $m \times m$ 行列 C で関係づけられることがわかる．この行列 C は対称行列であり，手先の**コンプライアンス行列**と呼ばれる．

コンプライアンスとは，力やトルクを受けると弾性的に変形するメカニズムや構造の性質を意味する．剛性が「かたさ」を定量化しているのに対し，コンプライアンスは「柔らかさ」を定量化するものであることが式（4.24）からわかる．なお，C が正則であれば

$$\boldsymbol{F}^* = C^{-1}\Delta\boldsymbol{p}$$

と表せることから，コンプライアンス行列の逆行列を手先の**剛性行列**と呼ぶ．

手先のコンプライアンス行列および剛性行列は，関節の剛性やアームの姿勢によって変化する．われわれが腕全体を固くして負荷に備えるときには，筋肉のサーボ剛性を高めて関節の剛性，すなわちばね定数 k_i を大きくした状態にあり，手先のコンプライアンスは低く保たれる．またアームが特異姿勢にある場合には，特定方向の外力に対して手先の変位がゼロとなり，手先のコンプライアンスはゼロ，剛性は無限大となる．

4.3　コンプライアンス行列の主軸変換

手先の変位 $\Delta\boldsymbol{p}$ は，式（4.24）のとおり，外力 $\boldsymbol{F}^*$ と $m\times m$ 行列 C で関係づけられる．したがって，同じ大きさの外力が作用しても，その方向によって手先の変位量が変化する．いま外力 $\boldsymbol{F}^*$ が

$$\|\boldsymbol{F}^*\|^2 = \boldsymbol{F}^{*\,T}\boldsymbol{F}^* = 1 \tag{4.25}$$

を満たしているものとして，手先の変位量を最大あるいは最小にする外力 $\boldsymbol{F}_m^*$ の方向を求めてみよう．手先の変位量は，式（4.22）より

$$\|\Delta\boldsymbol{p}\|^2 = \Delta\boldsymbol{p}^T\,\Delta\boldsymbol{p} = \boldsymbol{F}^{*\,T}C^TC\boldsymbol{F}^* = \boldsymbol{F}^{*\,T}C^2\boldsymbol{F}^* \tag{4.26}$$

と表せる．式（4.25）の条件のもとで式（4.26）を最大あるいは最小にする $\boldsymbol{F}_m^*$ を求めるために，ラグランジュ乗数 λ を用いて関数 $V(\boldsymbol{F}^*)$ を

$$V(\boldsymbol{F}^*) = \boldsymbol{F}^{*\,T}C^2\boldsymbol{F}^* - \lambda(\boldsymbol{F}^{*\,T}\boldsymbol{F}^* - 1) \tag{4.27}$$

のように定義する．このとき，極値条件 $\partial V/\partial\lambda = 0$，$\partial V/\partial\boldsymbol{F}^* = 0$ から

$$-\boldsymbol{F}_m^{*T}\boldsymbol{F}_m^* + 1 = 0 \tag{4.28}$$

$$C^2\boldsymbol{F}_m^* - \lambda\boldsymbol{F}_m^* = 0 \tag{4.29}$$

を得る．式（4.29）は，ラグランジュ乗数 λ が C^2 の固有値であることを意味しており，この固有値の最大・最小値をそれぞれ $\lambda_{\max}$，$\lambda_{\min}$ とすると，式（4.26）

および拘束条件（4.25）より

$$\|\Delta \boldsymbol{p}\|^2 = \boldsymbol{F}_m^{*\,T} C^2 \boldsymbol{F}_m^* = \boldsymbol{F}_m^{*\,T} \lambda \boldsymbol{F}_m^* = \lambda \qquad (4.30)$$

であるから，手先の最大および最小変位量は $\sqrt{\lambda_{\max}}$，$\sqrt{\lambda_{\min}}$ となる．また最大および最小変位は，最大・最小固有値に対応する固有ベクトルの方向に生じる．なお C^2 が対称行列であることから，C^2 の固有値 $\lambda_i (i = 1, \cdots, m)$ に対応する固有ベクトルは互いに直交するように選ぶことができる．これらの方向を**主軸方向**と呼ぶ．主軸方向 $\boldsymbol{e}_i (i = 1, \cdots, m)$ に単位ベクトルをとり，行列 P を

$$P = [\boldsymbol{e}_1 \cdots \boldsymbol{e}_m] \qquad (4.31)$$

と定義すると，P は主軸方向に座標軸をとった主軸座標系への座標変換行列を意味し

$$\Delta \boldsymbol{p} = P \Delta \boldsymbol{p}_m^*, \quad \boldsymbol{F}^* = P \boldsymbol{F}_m^*$$

によって $\Delta \boldsymbol{p}$, $\boldsymbol{F}^*$ は主軸座標系での表現 $\Delta \boldsymbol{p}_m^*$, $\boldsymbol{F}_m^*$ に変換される．このとき，式（4.24）は

$$\Delta \boldsymbol{p}_m^* = P^{-1} C P \boldsymbol{F}_m^* = \Lambda \boldsymbol{F}_m^* \qquad (4.32)$$

のように表現される．ここで C^2 の固有値 λ_i に対応する固有ベクトルは C の固有値 $\sqrt{\lambda_i}$ に対応する固有ベクトルとなるから

$$\Lambda = \mathrm{diag}(\sqrt{\lambda_i}) \quad (i = 1, \cdots, m)$$

となる．すなわち，主軸方向に外力が作用すると，その方向にのみ手先が変位することがわかる．なお，行列 P による座標変換を**主軸変換**と呼ぶ．

4.4　RCC の特性

図 4.1 に示した部品のはめあいタスクについて再び考えてみよう．4.1 節で述べたように，棒に加わる外力を力センサを通して知覚し，手先に加える力やモーメントを微妙に調整しながら挿入作業を進めればよさそうであるが，棒と穴のクリアランスが小さい場合には，力やモーメントの与え方が問題となる．棒の先端のコンプライアンス行列は一般に対角行列とはならず，外力が作用していない方向へも棒の先端が変位するため，棒と穴の相対位置・姿勢の補正が難しくなるからである．このような問題に対処するには，棒の先端のコンプライアンス行列をソフト的あるいはハード的に対角化する方法が考えられる．以

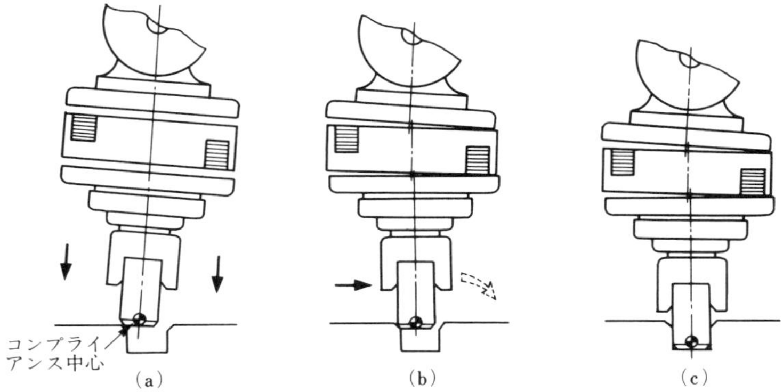

図 4.6 RCCデバイスの動作原理

下では，コンプライアンス行列を対角化するハードウェアとして開発された**RCC** (Remote Center Compliance) **デバイス**の原理を説明する．

図4.6は，RCCデバイスを介して円柱棒を穴に挿入する様子を表している．棒の先端が穴の面取り面で接触した場合(a)，棒の先端のコンプライアンス行列が対角化されていれば，棒の横方向の力と紙面に垂直方向のモーメントに応じて横方向の位置と姿勢が独立に修正され(b)，スムーズに挿入作業が遂行される

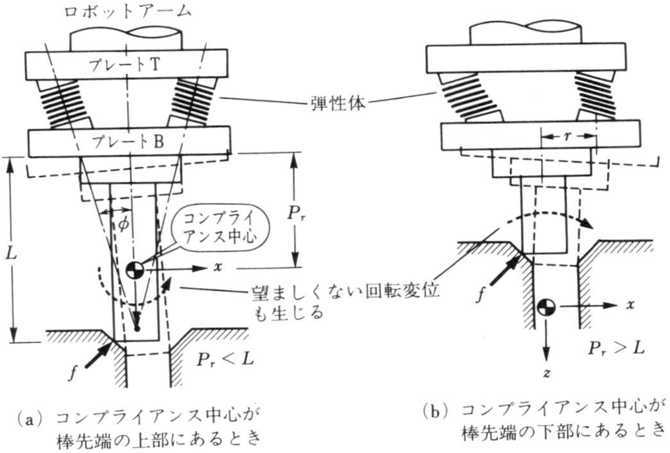

図 4.7 棒の先端のコンプライアンス行列が対角化されていない場合

(c)．このとき，コンプライアンス行列が対角化される棒の先端位置を**コンプライアンス中心**と呼ぶ．棒の先端のコンプライアンス行列が対角化されていなければ，図 4.7(a)，(b)のように棒の並進と回転の変位が同時に生じるため，思うような挿入作業が実現できない．図 4.7(a) では，棒の先端がコンプライアンス中心の下部にあり，図 4.7(b) では，棒の先端がコンプライアンス中心の上部にある．

［**例題** 4.3］　2 次元平面内で働く RCC の特性について詳しく解析してみよう．図 4.7 のように，プレート T とプレート B の間に 2 つの弾性体がはさまれ，プレート B の下部に棒状の部品が固定されているものとする．プレート B 以下の部分を 1 つの剛体と見なし，弾性体の結合部分と部品先端に座標系 Σ_1，Σ_2，Σ_p を図 4.8 のように設定する．

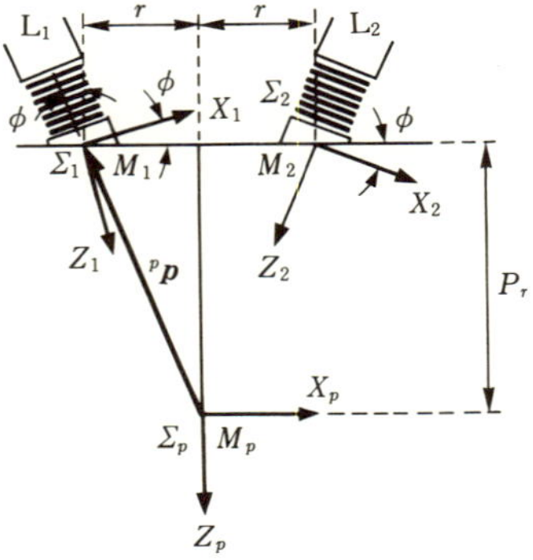

図 4.8　RCC のプレート B と棒を一体化した2 次元モデル

図において，弾性体 L_1 はプレート B に対して傾けて取り付けてあり，その角度を ϕ とする．また，プレート B の中心からコンプライアンス中心 M_p までの距離を P_r，弾性体取り付け位置 M_1 までの距離を r とする．点 M_1 における弾性体によるコンプライアンスを Σ_1 の座標系で

$$C = \begin{bmatrix} c_x & 0 & 0 \\ 0 & c_z & 0 \\ 0 & 0 & c_\theta \end{bmatrix} \tag{4.33}$$

と表したとき，これと等価なコンプライアンスを Σ_p で表現してみよう．ただし，このコンプライアンス行列は，2 次元平面内の並進（X，Z 軸方向）と回転（Y 軸まわり）の成分だけを抜き出したものである．座標系 Σ_1 と Σ_p の間の回転行列は

$$^{p}R_1 = \begin{bmatrix} C\phi & 0 & S\phi \\ 0 & 1 & 0 \\ -S\phi & 0 & C\phi \end{bmatrix}$$

また，原点間の相対ベクトルは

$$^{p}\boldsymbol{p} = [-r,\ 0,\ -P_r]^T$$

と表せる．Σ_1 の Σ_p に関するヤコビ行列を ^1J_p とすると，式（4.11）より

$$^1J_p^T = \begin{bmatrix} ^{p}R_1 & 0 \\ [^{p}\boldsymbol{p}\times]^{p}R_1 & ^{p}R_1 \end{bmatrix}$$

の関係が成り立つ．式（4.33）と同様に，2 次元平面内に限定した表現に改めた結果は

$$^1J_p^{*T} = \begin{bmatrix} C\phi & S\phi & 0 \\ -S\phi & C\phi & 0 \\ -P_rC\phi - rS\phi & -P_rS\phi + rC\phi & 1 \end{bmatrix}$$

となる．したがって，Σ_p で表したコンプライアンス行列の逆行列，すなわち剛性行列は

$$C_p{}^{-1} = {}^1J_p^{*T}\, C^{-1}\, {}^1J_p^* = \begin{bmatrix} c_x{}^{-1}(C\phi)^2 + c_z{}^{-1}(S\phi)^2 & (c_z{}^{-1} - c_x{}^{-1})S\phi C\phi & c_x{}^{-1}AC\phi + c_z{}^{-1}BS\phi \\ (c_z{}^{-1} - c_x{}^{-1})S\phi C\phi & c_x{}^{-1}(S\phi)^2 + c_z{}^{-1}(C\phi)^2 & -c_x{}^{-1}AS\phi + c_z{}^{-1}BC\phi \\ c_x{}^{-1}AC\phi + c_z{}^{-1}BS\phi & -c_x{}^{-1}AS\phi + c_z{}^{-1}BC\phi & c_x{}^{-1}A^2 + c_z{}^{-1}B^2 + c_\theta{}^{-1} \end{bmatrix} \quad (4.34)$$

となる．ただし，$A = -P_rC\phi - rS\phi$，$B = -P_rS\phi + rC\phi$ と置いた．

点 M_2 における弾性体 L_2 によるコンプライアンスも式(4.33)と同様に与えられているものとすると，Σ_2 で表された剛性行列を Σ_p に変換した結果は，上式で ϕ を $-\phi$ に，$-r$ を r に置き換えたものとなる．2 つの弾性体による点 M_p の剛性行列は，以上で求めた剛性行列の和として求められる．このとき，剛性行列の (2, 3) 要素および (3, 2) 要素はゼロとなる．また (1, 3) 要素および (3, 1) 要素は，以下の条件が成り立つときにゼロとなる．

$$P_r = \frac{r(c_z{}^{-1} - c_x{}^{-1})S\phi C\phi}{c_x{}^{-1}(C\phi)^2 + c_z{}^{-1}(S\phi)^2} \quad (4.35)$$

これは，点 M_p がコンプライアンス中心となる条件に他ならない．このとき，点 M_p に

並進外力が加わると並進変位のみを生じ，モーメントが加わると回転変位のみを生じる．このような特性は，棒と穴の中心軸がずれていたり，傾斜していても無理のない挿入作業を可能にする．なお従来の RCC は，上記の P_r が固定された専用ハードウェアであったため，棒の長さが変わるとコンプライアンス中心と棒の先端位置がずれて本来の特性が生かせない問題があった．弾性体の取り付け位置を自由に制御できる機構を付加した**アクティブ RCC** の開発により，このような問題も解決されている．図 4.9 は，弾性体の取り付け角度 ϕ や位置 r によってコンプライアンス中心の位置 P_r がどのように変化するかを表している．アクティブ RCC では，ϕ あるいは r を変化させて組み立て部品の寸法に応じたコンプライアンス中心 P_r を設定することができる．

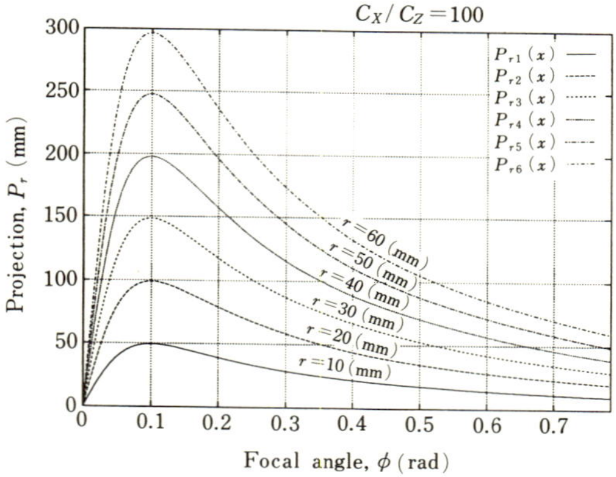

図 4.9　弾性体の傾き ϕ と弾性体取り付け位置 r がコンプライアンス中心位置 P_r に及ぼす影響

演習問題

4.1　図 4.10 のように基準座標系 Σ_0 に対して ${}^0\boldsymbol{\omega}$ の角速度で回転する剛体上に固定された座標系 $\Sigma_p(O_0\text{-}X_0,\ Y_0,\ Z_0)$ を考える．${}^0R_p$ を Σ_0 と Σ_p の間の回転行列とすると

$$d/dt\,({}^0R_p)={}^0\boldsymbol{\omega}\ \times {}^0R_p$$

となることを示せ．

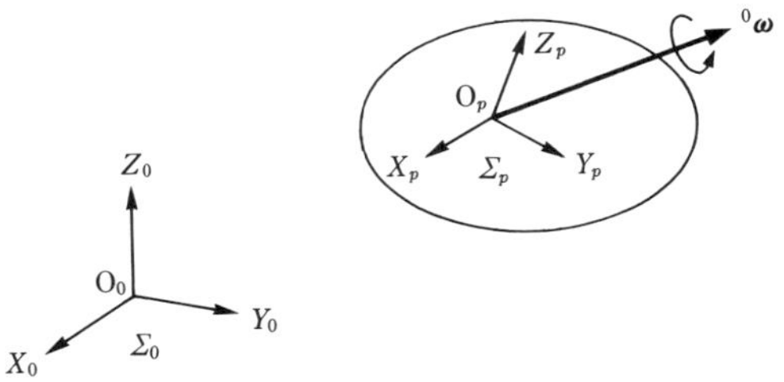

図 4.10

4.2 3章の演習問題3.2の平行四辺形5節リンクアームにおいて，Y軸の負方向に重力加速度gが作用し，手先P_rに質量mの物体が載せられているものとする．関節角度が$\theta_1=90^\circ$，$\theta_2=0^\circ$でこのアームが静止しているとき，各モータ軸に作用するモーメントを求めよ．ただし，アームの質量は無視してよい．

4.3 図4.11に示すように，ハンドでつかんだ部品の先に加わる力とモーメントの部品先端に固定された座標系Σ_pで表した値を，手首に取り付けた力センサに固定された座標系Σ_sで表した力センサ測定値から算出せよ．ただし，重力は働いておらず，ハンドは静止しており，Σ_pとΣ_sの位置関係は図のとおりである．また，力センサの測定値は

$$^s\boldsymbol{f}_s=[30,\ -10,\ -50]^T\ \text{(N)},\quad ^s\boldsymbol{n}_s=[0.5,\ 0.2,\ 0.0]^T\ \text{(Nm)}$$

とする．

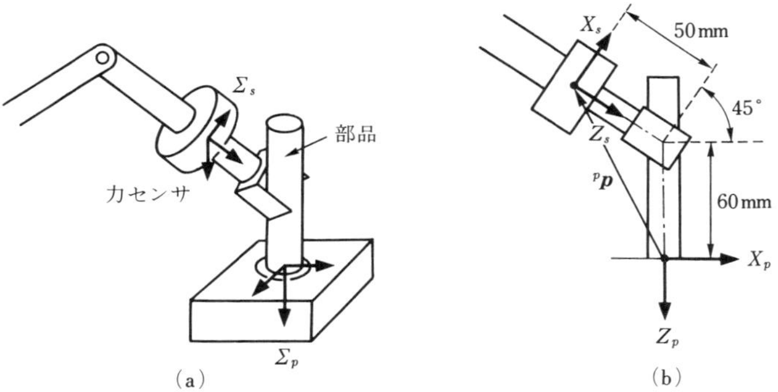

図 4.11

4.4 図4.12に示す2自由度ロボットアームを考える．各関節にはサーボ系が組まれ，

トルク τ_i と変位 $\varDelta\theta_i$ の間に $\tau_i = -k_i \varDelta\theta_i (i = 1, 2)$ の関係があるとする．ただし，$k_1 = 2\times10^4$ (Nm/rad)，$k_2 = 1\times10^4$ (Nm/rad) である．

$\theta_1 = \pi/6$ (rad)，$\theta_2 = \pi/6$ (rad) のときの手先 P のコンプライアンス行列を求めよ．また，コンプライアンスが最大，最小となる方向を求めよ．

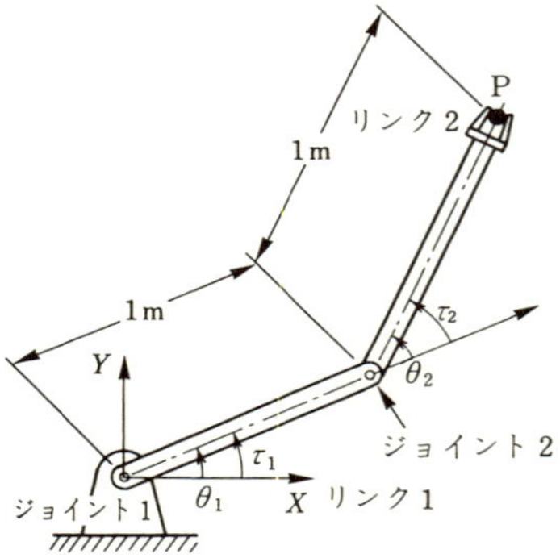

図 4.12

5 運動制御

2, 3 章で取り上げたタスクでは，ロボットの関節角度や関節速度は自由に生成できるものとしてタスクの実行に関わる運動学の問題について考えた．また 4 章で取り上げたタスクでは，ロボットの関節トルクが自由に生成できるものとしてタスクの実行に関わる静力学の問題について考察した．関節はアクチュエータによって駆動されるわけであり，もともとアクチュエータとは電気や油圧，空気圧などのエネルギーをパワーに変換する要素であることを考慮すると，ロボットの関節トルクを自由に操作できるものとして話を進めるのが自然である．ならば，望ましい関節角度や関節速度はどのようにして実現すればよいのだろうか．また，4 章では力学的平衡状態にあるロボットの力学特性について考えたが，ダイナミックな特性についてはどうであろうか．本章では，後者についてロボットアームの動力学問題を取り上げるとともに，前者に対する関節トルクと関節角度・速度を結び付ける制御問題について考える．

5.1 ロボットアームの動力学

複数の剛体リンクが連続的につながったシリアルリンク構造のロボットアームの動力学（ダイナミクス）について考えよう．ロボットが何らかのタスクを実行するときに重要となるのは，アクチュエータから供給される関節トルクによってアームの形状が時間的にどのように変化するかという問題であり，いい換えれば，関節トルクと関節変位の関係を定式化することである．以下では，ラグランジュの方法を用いてこの関係を定式化し，ロボットアームの運動方程式を導く．

5.1.1 ロボットアームの運動方程式

ラグランジュの方法では，システム（アーム全体を 1 つの動的システムと考

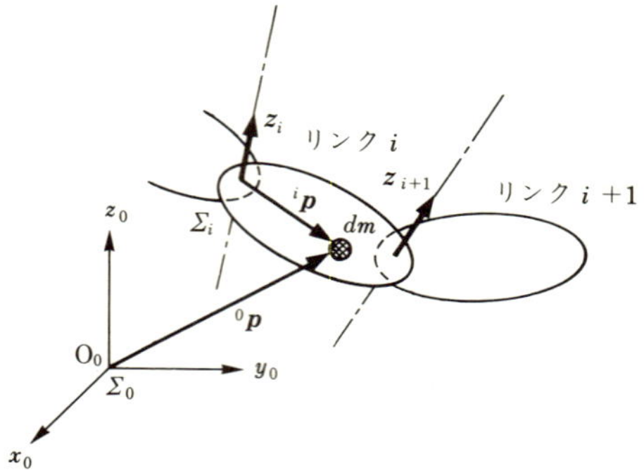

図 5.1 リンク i の運動エネルギーの導出

える）の運動を一般化座標で表し，システムの運動エネルギーに基づいて運動方程式を導出する．そこで，まず図 5.1 のように座標系を設定し，リンク i の運動エネルギーを求める．ロボットの各リンク上にはリンク座標系 $\Sigma_i (i=1, \cdots, n)$が設けられ，ロボットの外部に固定された基準座標系$\Sigma_0$ を含めて隣接する座標系の間の関係が同次変換行列 ${}^{i-1}T_i$ で与えられているものとする．なお，${}^{i-1}T_i$ は関節変位 q_i の関数である．

リンク i の内部の ${}^i\boldsymbol{p}$ の位置に微小質量 dm をもつ要素を考える．なお ${}^i\boldsymbol{p}$ は，同次変換行列による座標変換を考慮して 4 次元ベクトルと考える．すなわち，第 1～3 要素が 3 次元位置ベクトルに対応し，第 4 列要素は 1 とする．ベクトル ${}^i\boldsymbol{p}$ は，リンク i に固定された座標系 Σ_i で表現されているのでアームが動いても変化しないが，基準座標系 Σ_0 から見ると

$${}^0\boldsymbol{p} = {}^0T_i\,{}^i\boldsymbol{p} = ({}^0T_1(q_1)\ {}^1T_2(q_2)\cdots{}^{i-1}T_i(q_i)){}^i\boldsymbol{p} \tag{5.1}$$

からわかるように，関節変位 q_1，q_2，…，q_i の関数として変化する．このことに注意して式（5.1）を時間で微分すると

$${}^0\dot{\boldsymbol{p}} = \left(\sum_{j=1}^{i} \frac{\partial\,{}^0T_i}{\partial q_j}\dot{q}_j\right){}^i\boldsymbol{p} \tag{5.2}$$

となる．したがって，微小質量 dm に関する運動エネルギー dK_i は

$$dK_i = \frac{1}{2}\,{}^0\dot{\boldsymbol{p}}^T\,{}^0\dot{\boldsymbol{p}}dm \tag{5.3}$$

となる．行列のトレース（tr[・]）に関する

$${}^0\dot{\boldsymbol{p}}^T\,{}^0\dot{\boldsymbol{p}} = \mathrm{tr}[{}^0\dot{\boldsymbol{p}}\,{}^0\dot{\boldsymbol{p}}^T] \tag{5.4}$$

の関係を用いて書き換えると

$$dK_i = \frac{1}{2}\mathrm{tr}\,[{}^0\dot{\boldsymbol{p}}\,{}^0\dot{\boldsymbol{p}}^T]dm \tag{5.5}$$

を得る．リンク i の運動エネルギー K_i は，式(5.5)をリンク i の全体にわたって積分することによって求められるから

$$\begin{aligned} K_i &= \int_{\mathrm{link}\,i} \frac{1}{2}\mathrm{tr}\,[{}^0\dot{\boldsymbol{p}}\,{}^0\dot{\boldsymbol{p}}^T]dm \\ &= \frac{1}{2}\sum_{j=1}^{i}\sum_{k=1}^{i}\mathrm{tr}\left[\frac{\partial {}^0T_i}{\partial q_j}\left(\int_{\mathrm{link}\,i} {}^i\boldsymbol{p}\,{}^i\boldsymbol{p}^T\,dm\right)\frac{\partial {}^0T_i{}^T}{\partial q_k}\right]\dot{q}_j\,\dot{q}_k \end{aligned} \tag{5.6}$$

ここで

$$H_i = \int_{\mathrm{link}\,i} {}^i\boldsymbol{p}\,{}^i\boldsymbol{p}^T dm \tag{5.7}$$

は疑似慣性行列と呼ばれ

$$H_i = \begin{bmatrix} \frac{-I_{ixx}+I_{iyy}+I_{izz}}{2} & H_{ixy} & H_{ixz} & m_i{}^is_{ix} \\ H_{ixy} & \frac{I_{ixx}-I_{iyy}+I_{izz}}{2} & H_{iyz} & m_i{}^is_{iy} \\ H_{ixz} & H_{iyz} & \frac{I_{ixx}+I_{iyy}-I_{izz}}{2} & m_i{}^is_{iz} \\ m_i{}^is_{ix} & m_i{}^is_{iy} & m_i{}^is_{iz} & m_i \end{bmatrix} \tag{5.8}$$

と与えられる．ここで ${}^ip = [{}^ip_x, {}^ip_y, {}^ip_z, 1]^T$ とおくと

$$I_{ixx} = \int_{\mathrm{link}\,i}({}^ip_y{}^2 + {}^ip_z{}^2)dm \qquad \text{（慣性モーメント）}$$

$$H_{ixy} = \int_{\mathrm{link}\,i} {}^ip_x\,{}^ip_y dm \qquad \text{（慣性乗積）}$$

$$m_i = \int_{\mathrm{link}\,i} dm \qquad \text{（リンク } i \text{ の質量）}$$

$${}^is_{ix} = \int_{\mathrm{link}\,i} {}^ip_x dm/m_i \qquad \text{（リンク } i \text{ の質量中心位置）}$$

であり， I_{iyy}, I_{izz}, H_{ixz}, H_{iyz}, ${}^is_{iy}$, ${}^is_{iz}$ も同様に定義される．疑似慣性行列 H_i は，リンク座標系 Σ_i に対して定義されているので，アーム形状によらず一定の値をとる．

以上のようにして求められた各リンクの運動エネルギーの総和をとると，アーム全体の運動エネルギー K が定まる．ラグランジュの運動方程式は，この運動エネルギー K を用いて

$$\frac{d}{dt}\left(\frac{\partial K}{\partial \dot{q}_i}\right)-\frac{\partial K}{\partial q_i}=Q_i \quad (i=1,2,\cdots,n) \tag{5.9}$$

と記述される．ここで，Q_i は q_i を一般化座標とするときの一般化力である．宇宙ロボットのように無重力の環境で動作する場合には，Q_i は関節トルクそのものとなる．一方，地上で動くロボットアームの場合には重力の影響を受けるから

$$Q_i=-\frac{\partial V}{\partial q_i}+\tau_i \tag{5.10}$$

となる．ここで τ_i は関節 i に作用する関節トルクであり，V はアーム全体のポテンシャルエネルギーを表す．リンク i のポテンシャルエネルギー V_i は，$\tilde{\boldsymbol{g}}$ を Σ_0 で表した重力加速度ベクトル（同次変換に対応した 4 次元ベクトルとして表現したものであり，$\tilde{\boldsymbol{g}}=[g_x, g_y, g_z, 1]^T$）とし，$\Sigma_0$ の原点を含み重力方向に垂直な平面を基準とすると

$$V_i=-m_i\tilde{\boldsymbol{g}}^{T}\,{}^0T_i\,{}^i\boldsymbol{s} \tag{5.11}$$

で与えられる．ただし，${}^i\boldsymbol{s}$ はリンク i の質量中心の位置を Σ_i で表した $[{}^is_{ix}, {}^is_{iy}, {}^is_{iz}]^T$ を 4 次元ベクトルとして $[{}^is_{ix}, {}^is_{iy}, {}^is_{iz}, 1]^T$ と表したものである．

式(5.9) に基づいて地上で動作するロボットアームの運動方程式を導くと

$$\begin{aligned}\tau_i=&\sum_{k=i}^{n}\sum_{j=1}^{k}\mathrm{tr}\left[\frac{\partial\,{}^0T_k}{\partial q_i}H_k\frac{\partial\,{}^0T_k{}^T}{\partial q_j}\right]\ddot{q}_j\\&+\sum_{k=i}^{n}\sum_{j=1}^{k}\sum_{h=1}^{k}\mathrm{tr}\left[\frac{\partial\,{}^0T_k}{\partial q_i}H_k\frac{\partial^2\,{}^0T_k^T}{\partial q_j\partial q_h}\right]\dot{q}_j\dot{q}_h-\sum_{K=i}^{n}m_k\tilde{\boldsymbol{g}}^T\frac{\partial\,{}^0T_k}{\partial q_i}{}^k\boldsymbol{s}\end{aligned} \tag{5.12}$$

を得る．この式をベクトル形式で記述すると

$$\boldsymbol{\tau}=M(\boldsymbol{q})\ddot{\boldsymbol{q}}+\boldsymbol{h}(\boldsymbol{q},\dot{\boldsymbol{q}})+\boldsymbol{g}(\boldsymbol{q}) \tag{5.13}$$

となる．ここで，$n\times n$ 行列 $M(q)$ はその第 (i, j) 要素 M_{ij} が

$$M_{ij}=\sum_{k=\max(i,j)}^{n}\mathrm{tr}\left[\frac{\partial\,{}^0T_k}{\partial q_i}H_k\frac{\partial\,{}^0T_k{}^T}{\partial q_j}\right] \tag{5.14}$$

で与えられる対称な慣性行列であり，この行列を用いるとアーム全体の運動エネルギー K を

$$K=\frac{1}{2}\dot{\boldsymbol{q}}^TM(\boldsymbol{q})\dot{\boldsymbol{q}} \tag{5.15}$$

のように表現できる．また n 次元ベクトル $\boldsymbol{h}(\boldsymbol{q}, \dot{\boldsymbol{q}})$ は，その第 i 要素 h_i が

$$h_i=\sum_{k=i}^{n}\sum_{j=1}^{k}\sum_{h=1}^{k}\mathrm{tr}\left[\frac{\partial\,{}^0T_k}{\partial q_i}H_k\frac{\partial^2\,{}^0T_k{}^T}{\partial q_j\partial q_h}\right]\dot{q}_j\dot{q}_h \tag{5.16}$$

で与えられる遠心力とコリオリ力を表している．なお，式 (5.9) と式 (5.13)

を見比べると

$$\boldsymbol{h}(\boldsymbol{q}, \dot{\boldsymbol{q}}) = \dot{M}\dot{\boldsymbol{q}} - \mathrm{col}\left[\frac{1}{2}\dot{\boldsymbol{q}}^T \frac{\partial M}{\partial q_i}\dot{\boldsymbol{q}}\right] \tag{5.17}$$

と表すこともできる．ただし，$\mathrm{col}[\delta_i]$ は δ_i を第 i 要素とする列ベクトルを意味する．n 次元ベクトル $\boldsymbol{g}(q)$ は，その第 i 要素 g_i が

$$g_i = -\sum_{k=i}^{n} m_k \tilde{\boldsymbol{g}}^T \frac{\partial^0 T_k}{\partial q_i} {}^k\boldsymbol{s} \tag{5.18}$$

で与えられ，重力の影響を表している．

［**例題** 5.1］ 図 5.2 のような鉛直面内で動作する平面 2 リンクロボットアームの運動方程式をラグランジュの方法で求めてみよう．

座標系 $\Sigma_0, \Sigma_1, \Sigma_2$ を図のようにとり（いずれの Z 軸も紙面に垂直）

m_1, m_2：リンク 1，2 の質量

L_1, L_2：リンク 1，2 の長さ

$[r_1, 0, 0]^T$, $[r_2, 0, 0]^T$：リンク 1，2 の質量中心の 3 次元位置

とおく．また，慣性モーメントについては

$$I_{1yy} = I_{1zz} = I_1,\ I_{1xx} = 0,\ I_{2yy} = I_{2zz} = I_2,\ I_{2xx} = 0$$

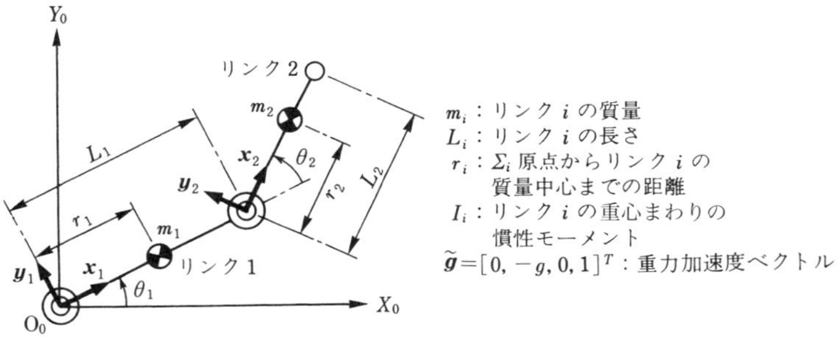

図 5.2 平面 2 リンクアームのパラメータ

とし，慣性乗積はすべて 0 とする．重力は Y_0 下向きに作用するものとする．このとき

$${}^0T_1 = \begin{bmatrix} C_1 & -S_1 & 0 & 0 \\ S_1 & C_1 & 0 & 0 \\ 0 & 0 & 1 & 0 \\ 0 & 0 & 0 & 1 \end{bmatrix},\quad {}^1T_2 = \begin{bmatrix} C_2 & -S_2 & 0 & L_1 \\ S_2 & C_2 & 0 & 0 \\ 0 & 0 & 1 & 0 \\ 0 & 0 & 0 & 1 \end{bmatrix}$$

であるから

$$\frac{\partial^0 T_1}{\partial \boldsymbol{q}_1} = \begin{bmatrix} -S_1 & -C_1 & 0 & 0 \\ C_1 & -S_1 & 0 & 0 \\ 0 & 0 & 0 & 0 \\ 0 & 0 & 0 & 0 \end{bmatrix}$$

$$\frac{\partial^0 T_2}{\partial \boldsymbol{q}_1} = \frac{\partial^0 T_1}{\partial \boldsymbol{q}_1}{}^1 T_2 = \begin{bmatrix} -S_{12} & -C_{12} & 0 & -L_1 S_1 \\ C_{12} & -S_{12} & 0 & L_1 C_1 \\ 0 & 0 & 0 & 0 \\ 0 & 0 & 0 & 0 \end{bmatrix}$$

$$\frac{\partial^0 T_2}{\partial \boldsymbol{q}_2} = {}^0 T_1 \frac{\partial^1 T_2}{\partial \boldsymbol{q}_2} = \begin{bmatrix} -S_{12} & -C_{12} & 0 & 0 \\ C_{12} & -S_{12} & 0 & 0 \\ 0 & 0 & 0 & 0 \\ 0 & 0 & 0 & 0 \end{bmatrix}$$

となる．なお，$S_{12} = \sin(\theta_1 + \theta_2)$, $C_{12} = \cos(\theta_1 + \theta_2)$ のように簡略化して表記していることに注意されたい．疑似慣性行列は

$$H_i = \begin{bmatrix} I_i & 0 & 0 & m_i r_i \\ 0 & 0 & 0 & 0 \\ 0 & 0 & 0 & 0 \\ m_i r_i & 0 & 0 & m_i \end{bmatrix} \quad (i = 1,\ 2)$$

で与えられる．このとき，式(5.13)に従ってロボットアームの運動方程式を求めると

$$\begin{bmatrix} \tau_1 \\ \tau_2 \end{bmatrix} = \begin{bmatrix} M_{11} & M_{12} \\ M_{21} & M_{22} \end{bmatrix} \begin{bmatrix} \ddot{q}_1 \\ \ddot{q}_2 \end{bmatrix} + \begin{bmatrix} h_1 \\ h_2 \end{bmatrix} + \begin{bmatrix} g_1 \\ g_2 \end{bmatrix}$$

となる．ここで，慣性行列の各要素は式(5.14) より

$$M_{11} = \mathrm{tr}\left[\frac{\partial^0 T_1}{\partial q_1} H_1 \frac{\partial^0 T_1{}^T}{\partial q_1}\right] + \mathrm{tr}\left[\frac{\partial^0 T_2}{\partial q_1} H_2 \frac{\partial^0 T_2{}^T}{\partial q_1}\right]$$

$$= I_1 + I_2 + 2 m_2 L_1 r_2 C_2 + m_2 L_1{}^2 + m_1 r_1{}^2 + m_2 r_2{}^2$$

$$M_{12} = M_{21} = \mathrm{tr}\left[\frac{\partial^0 T_2}{\partial q_1} H_2 \frac{\partial^0 T_2{}^T}{\partial q_2}\right] = I_2 + m_2 L_1 r_2 C_2 + m_2 r_2{}^2$$

$$M_{22} = \mathrm{tr}\left[\frac{\partial^0 T_2}{\partial q_2} H_2 \frac{\partial^0 T_2{}^T}{\partial q_2}\right] = I_2 + m_2 r_2{}^2$$

と与えられ，コリオリ力・遠心力に対応する各要素は式 (5.17) より

$$h_1 = -2 m_2 L_1 r_2 S_2 \dot{q}_1 \dot{q}_2 - m_2 L_1 r_2 S_2 \dot{q}_2{}^2, \quad h_2 = m_2 L_1 r_2 S_2 \dot{q}_1{}^2$$

のように表せる．重力項については

$$\tilde{\boldsymbol{g}}^T = [0, -g, 0, 1],\ {}^1\boldsymbol{s} = [r_1, 0, 0, 1]^T,\ {}^2\boldsymbol{s} = [r_2, 0, 0, 1]^T$$

として式（5.18）を用いると

$$g_1 = -m_1\tilde{\boldsymbol{g}}^T\frac{\partial {}^0T_1}{\partial \boldsymbol{q}_1}{}^1\boldsymbol{s} - m_2\tilde{\boldsymbol{g}}^T\frac{\partial {}^0T_2}{\partial \boldsymbol{q}_1}{}^2\boldsymbol{s} = \{m_1 r_1 C_1 + m_2(r_2 C_{12} + L_1 C_1)\}g$$

$$g_2 = -m_2\tilde{\boldsymbol{g}}^T\frac{\partial {}^0T_2}{\partial \boldsymbol{q}_2}{}^2\boldsymbol{s} = m_2 r_2 C_{12} g$$

となる．

5.2　順動力学と逆動力学

既知の関節トルクからどのようなロボットアームの動きが生成されるかを明らかにする問題を**順動力学**（forward dynamics）問題と呼ぶ．これは，関節変位とその速度の初期条件を与え，式（5.13）を書き換えた

$$\ddot{\boldsymbol{q}}(t) = -M(\boldsymbol{q})^{-1}[\boldsymbol{h}(\boldsymbol{q}, \dot{\boldsymbol{q}}) + \boldsymbol{g}(\boldsymbol{q}) - \boldsymbol{\tau}(t)] \tag{5.19}$$

を数値積分することによって対処できる．制御アルゴリズムの評価や外力がシステムの挙動に及ぼす影響などを解析するときに用いられるシミュレータは，まさにこの順動力学を利用したものである．なお上式は，ロボットアームの手先が自由に動ける**オープンチェイン**と呼ばれる機構（open chain mechanism）の場合のダイナミクスを示している．手先が外界と接触しながら運動したり，歩行ロボットのように脚先が地面に固定されながら運動するクローズドチェインと呼ばれる機構（closed chain mechanism）のダイナミクスは，機構に関する拘束条件を式（5.19）に付加したものとなるが，詳しくは 6 章で述べる．

一方，ロボットアームの動きが既知である場合に，その動きを生成するのに必要な関節トルクを求める問題を**逆動力学**（inverse dynamics）問題と呼ぶ．これは，もちろん式（5.13）を利用して解くことができるが，計算された関節トルクをロボットアームの制御に利用する後述するようなアドバンスドな制御方法では，できるだけすばやく関節トルクが計算される必要がある．この関節トルクを求める高速算法には，式（5.13）を逐次的に処理するアルゴリズムやニュートン・オイラー法と呼ばれる方法などがあるが，詳しくは文献 1)～5) を参照されたい．

以上の2つの問題を図示すると，図5.3のようになる．

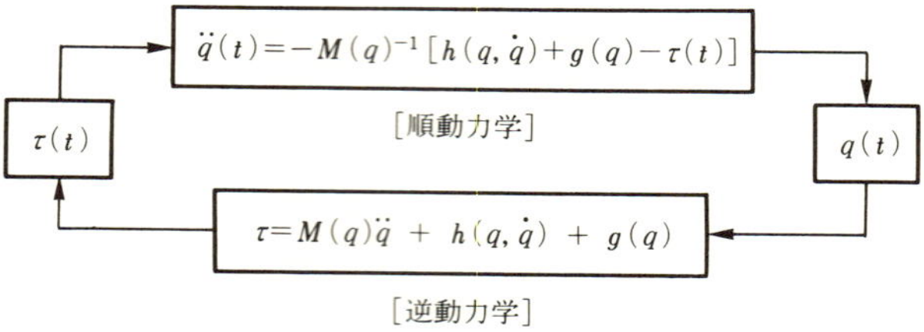

図 5.3 順動力学と逆動力学の関係

5.3 ロボットの運動制御

5.3.1 アクチュエータを考慮したダイナミクス

ロボットアームのダイナミクス

$$\boldsymbol{\tau} = M(\boldsymbol{q})\ddot{\boldsymbol{q}}+\boldsymbol{h}(\boldsymbol{q},\boldsymbol{q})+\boldsymbol{g}(\boldsymbol{q}) \tag{5.20}$$

から話を進めよう．ここで $\boldsymbol{\tau}$ は，アクチュエータから各関節に与えられるトルクをベクトル表現したものである．ロボットの各関節を目標角度に位置決めするには，どのような関節トルクを与え，またそれをどのようにしてアクチュエータにより生成するのか考えてみよう．まずは，図5.4に示す1自由度の円柱状の機構をロボットアームと考える．

図中の記号はそれぞれ

J_m：アクチュエータの慣性モーメント

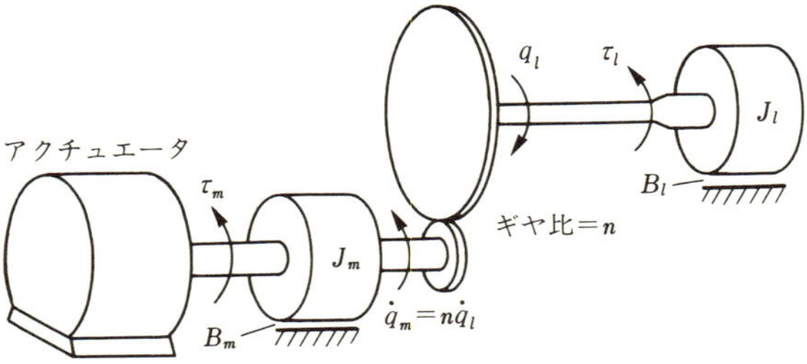

図 5.4 1自由度円形ロボットアーム

J_l：リンク(ロボットアーム)の慣性モーメント
τ_m：アクチュエータの発生トルク
τ_l：リンク側の駆動トルク
q_m：アクチュエータ軸の回転角
q_l：リンク側の回転角
B_m：アクチュエータ側の粘性減衰係数
B_l：リンク側の粘性減衰係数

を表している．また，減速比 n の減速器を通して回転量が伝達されることから

$$q_l = q_m/n \tag{5.21}$$

の関係が成り立つ（減速器は弾性要素やエネルギー損失を含まないものとする）．このとき，式（5.20）に対応するリンク側の運動方程式は

$$\tau_l - B_l\dot{q}_l = J_l\ddot{q}_l \tag{5.22}$$

と表現される．一方，アクチュエータ側は

$$\tau_m - \tau_l/n - B_m\dot{q}_m = J_m\ddot{q}_m \tag{5.23}$$

となる．したがって，式（5.21），（5.22），(5.23）より

$$\tau_m = J\ddot{q}_m + B\dot{q}_m \tag{5.24}$$

を得る．ここで，$J = J_m + J_l/n^2$，$B = B_m + B_l/n^2$ であり，J，B はそれぞれアクチュエータ側で換算した合成慣性モーメント，合成粘性減衰係数を意味する．

ところで，産業用ロボットに用いられるアクチュエータは，油圧，空気圧，電気式などさまざまであるが，ここでは最も一般的な直流サーボモータを対象とする．図 5.5 は，電機子回路の入力電圧 v を操作しモータの回転角を制御する電機子制御方式を表している．

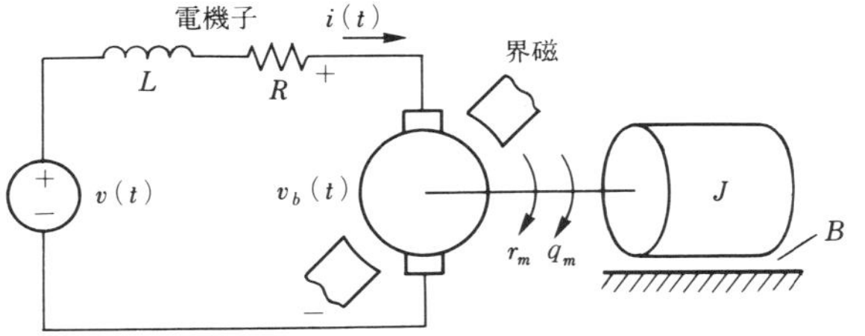

図 5.5 電機子制御直流サーボモータと負荷

この図で v_b は，モータの回転に伴って電機子の両端子間に発生する逆起電力であり

$$v_b = K_b \dot{q}_m \tag{5.25}$$

の関係が成り立つ．ここで，K_b は逆起電力定数を表す．L，R はそれぞれ電機子の自己インダクタンス，抵抗を意味している．このとき，電機子回路に流れる電流 i に関して

$$L(di/dt) + Ri + v_b = v \tag{5.26}$$

が成り立つ．実際には，自己インダクタンス L は他のパラメータに比べてオーダー的に小さく，以下では $L = 0$ と見なす．またモータにより生成されるトルクは，電機子電流 i に比例し

$$\tau_m = K_t i \tag{5.27}$$

と表せる．ここで K_t は，モータのトルク定数を表す．

次に，式 (5.24) の力学的特性と式 (5.25)，(5.26)，(5.27) のモータの特性を結びつけよう．式 (5.24) をラプラス変換すると

$$\tau_m(s) = (Js^2 + Bs)q_m(s) \tag{5.28}$$

となる．式 (5.25)，(5.26)，(5.27) をラプラス変換して $v_b(s)$，$i(s)$ を消去し，式 (5.28) を用いると，電機子回路の入力電圧 $v(s)$ と回転角 $q_m(s)$ の間の伝達関数

$$\frac{q_m(s)}{v(s)} = \frac{K_t}{s[RJs + (RB + K_t K_b)]} \tag{5.29}$$

が求まる．さらに式 (5.21) を考慮すると，入力電圧 $v(s)$ とリンク側の回転角 $q_l(s)$ の間の伝達関数

$$\frac{q_l(s)}{v(s)} = \frac{K_t}{ns[RJs + (RB + K_t K_b)]} \tag{5.30}$$

を得る．

5.3.2 PD 制御則

以上の準備の下で，ロボットの各関節を目標角度に位置決めするための入力電圧の決め方について考えよう．これは，回転角 $q_l(t)$ を目標値 $q_d(t)$ にできるだけ追従させることを目的とするサーボ系の設計問題であり，次のような PD (Proportional＋Derivative) フィードバック制御則

$$v(t) = -K_p(q_l(t) - q_d(t)) - K_v\dot{q}_m \tag{5.31}$$

がよく用いられる．なお，K_p，K_v はそれぞれ位置フィードバックゲイン，速度フィードバックゲインと呼ばれる正の定数である．上式の右辺第1項は，エンコーダなどによって検出された回転角を目標値と比較して得られた誤差に重み付けしたものであり，第2項は，モータの回転速度に重み付けしたものである．図5.6にこのフィードバック制御系のブロック図を示す．

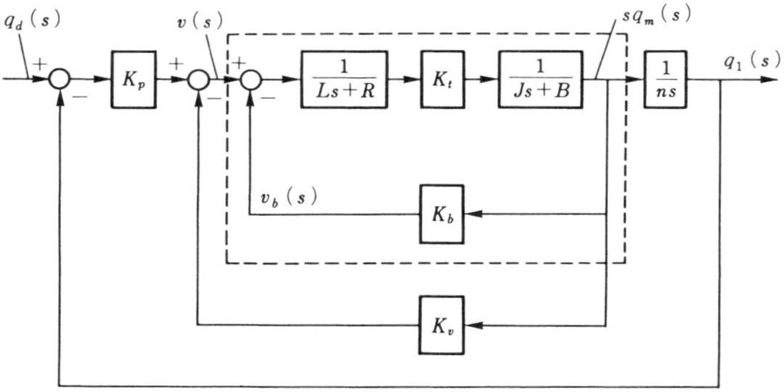

図 5.6　PDフィードバック制御系のブロック図

このとき，閉ループ系の伝達関数 $G(s)$ は

$$G(s) = \frac{q_l(s)}{q_d(s)} = \frac{a_1}{s^2 + a_2 s + a_1} \tag{5.32}$$

と表される．ただし

$$a_1 = \frac{K_p K_t}{RJn},\quad a_2 = \frac{RB + K_t(K_b + K_v)}{RJ}$$

である．これは

$$G(s) = \frac{{\omega_c}^2}{s^2 + 2\zeta\omega_c s + {\omega_c}^2} \tag{5.33}$$

と標準的な2次系の形に書き直せる．ここで，固有角周波数 ω_c および減衰係数 ζ は

$$\omega_c = \sqrt{a_1} \tag{5.34}$$

$$\zeta = \frac{a_2}{2\sqrt{a_1}} \tag{5.35}$$

で与えられる．2次系の過渡応答は，ω_c と ζ によって図5.7のように変化する．

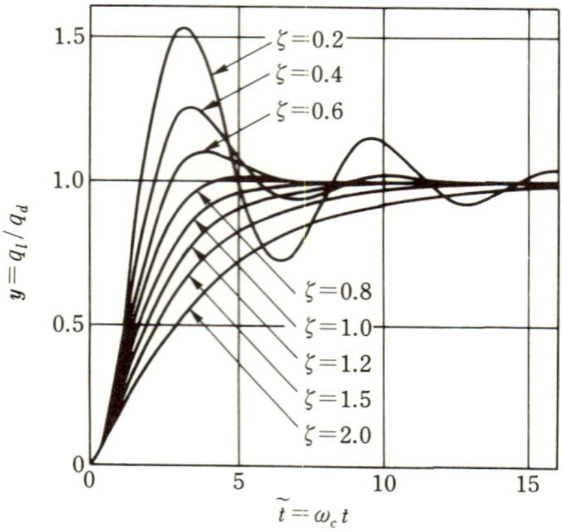

図 5.7　2次系のインディシャル応答

図の縦軸は目標値 q_d で無次元化し，横軸は ω_c で無次元化している．ω_c は大きければ大きいほど速応性が良いが，実際にはアクチュエータとリンクの間の伝達系の構造的共振周波数 ω_r を考慮しなければならず，通常

$$\omega_c \leqq \frac{\omega_r}{2}$$

の制約を課し，制御系が構造的共振を励起しないようにする．位置ゲイン K_p は，このようにして決めた ω_c と式（5.34）により決定される．また ζ は，振動的な応答を生じず最も速応性の良い $\zeta=1$（クリティカルダンピング）を選ぶことが多い．速度ゲイン K_v は，このようにして決めた ζ とすでに定めた K_p および式（5.35）より決定される．

5.3.3　PD 制御則の問題点と対策

さて，n 自由度のロボットアームに話を戻そう．式（5.20）は，各関節の運動がその関節の駆動トルクのみならず，他の関節の慣性力，コリオリ力，重力の影響も受けることを表している．これらの影響をまとめて T と表しリンク側に作用する定値の外乱トルクと考えると，式（5.22）は

$$\tau_l - T - B_l\dot{q}_l = J_l\ddot{q}_l \tag{5.36}$$

のように書き換えられる．このとき，式（5.24）は

$$\tau_m = J\ddot{q}_m + B\dot{q}_m + T/n \tag{5.37}$$

となる．すなわち，リンク側の外乱トルクはモータ側では $1/n$ 倍される．外乱トルクが作用する場合のPDフィードバック制御系のブロック図を図5.8に示す．このときのサーボ系の特性は，式（5.32）の伝達関数を用いて

$$q_l(s) = G(s)\,q_d(s) - a_0 G(s)\,T/n \tag{5.38}$$

と表される．ここで $a_0 = R/K_t K_p$ とおいた．

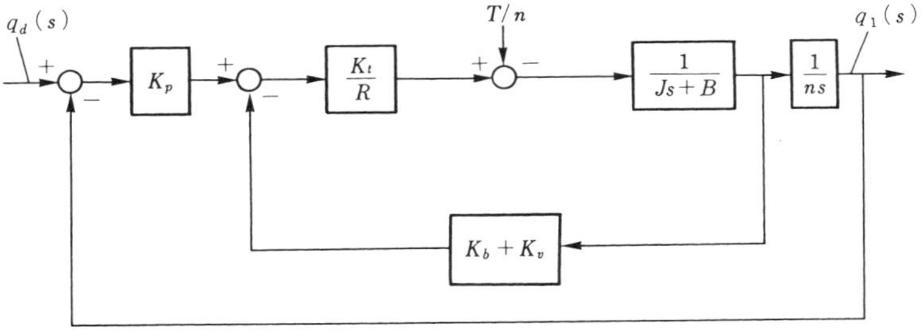

図 5.8　外乱が加わったPDフィードバック制御系のブロック図（$L=0$ と近似）

以上に述べたPDフィードバック制御系によって，ロボットの関節を目標角度にどの程度うまく位置決めできるのかについて考えてみよう．まず，外乱トルクが作用しないと仮定してPD制御系の位置偏差

$$e(t) = q_d(t) - q_l(t) \tag{5.39}$$

が時刻 $t=\infty$ でどのようになるか，すなわち定常偏差 $e(\infty)$ について調べる．式（5.39）をラプラス変換し式（5.38）を考慮すると

$$e(s) = (1 - G(s))\,q_d(s) \tag{5.40}$$

となり，ラプラス変換に関する最終値の定理を用いると，定常偏差は

$$e(\infty) = \lim_{s \to 0} se(s) \tag{5.41}$$

より求められる．目標角度 $q_d(s)$ を具体的に与えれば定常偏差は上式から求めることができるが，ここでは次の2例を考えてみる．

① $q_d(s) = \dfrac{\bar{q}_d}{s}$

目標角度を図5.9のようにステップ状に変化させた場合の定常偏差は

$$e(\infty) = \lim_{s \to 0} \frac{s^2 + a_2 s}{s^2 + a_2 s + a_1}\,\bar{q}_d = 0 \tag{5.42}$$

となり，定常偏差は生じない．

② $q_d(s)=\dfrac{\bar{q}_d}{s^2}$

目標角度を図5.10のように一定の速度で（ランプ状に）変化させた場合の定常偏差は

$$e(\infty)=\lim_{s\to 0}\frac{s+a_2}{s^2+a_2s+a_1}\bar{q}_d=\frac{a_2}{a_1}\bar{q}_d \tag{5.43}$$

となり，定常偏差（定速度誤差）を生じる．

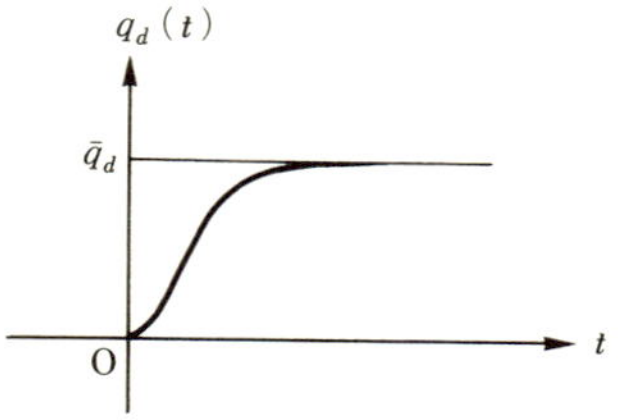

図 5.9 ステップ状目標角度と応答

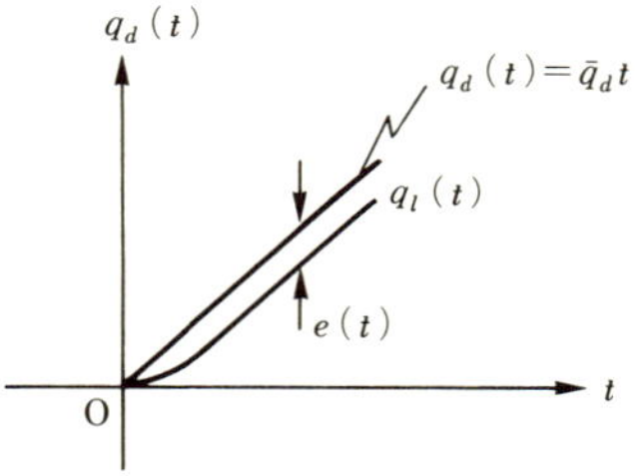

図 5.10 ランプ状目標角度と応答

次に，外乱トルクの影響について調べてみる．式（5.38）の右辺第2項だけを考慮し，外乱トルクがステップ状に

$$T(s)=\frac{\bar{T}}{s}$$

と変化した場合の定常偏差を計算すると

$$e(\infty)=\lim_{s\to 0}\frac{a_0a_1}{s^2+a_2s+a_1}\cdot\frac{\bar{T}}{n}=a_0\frac{\bar{T}}{n}=\frac{R\bar{T}}{K_tK_pn} \tag{5.44}$$

となる．すなわち，定常偏差は $\bar{T}$ に比例し，PD制御系の位置ゲイン K_p に反比例することがわかる．

目標角度が時間的に変化する場合には，外乱トルクが作用しなくても定常偏差が生じることが上記の例②からもわかる．この定常偏差をなくす方法として，関節角の目標値を作為的に修正し，定常偏差を生じないような仮想目標値を与える方法がある．たとえば，例②において，本当の目標角度 $q_d(s)=\bar{q}_d/s^2$ に対し仮想目標角度

$$q_d{}^*(s)=\frac{\bar{q}_d}{s^2}+\frac{a_2}{a_1}\frac{\bar{q}_d}{s} \tag{5.45}$$

を実際に PD 制御系に与えると $q_l(s)=G(s)q_d{}^*(s)$ より，定常偏差は

$$e(\infty)=\lim_{s\to 0}s\left\{\frac{\bar{q}_d}{s^2}-G(s)\left(\frac{\bar{q}_d}{s^2}+\frac{a_2}{a_1}\frac{\bar{q}_d}{s}\right)\right\}=0 \tag{5.46}$$

となる．式（5.45）の仮想目標角度は，もともとのランプ状目標値を $(a_2/a_1)\,\bar{q}_d$ だけ平行移動したものに他ならない．すなわち，関節角を一定速で動かすために必要な入力分をつねに付加することを意味しており，フィードフォワード補償を加えているものと見なすこともできる．

一方，外乱トルクによる定常偏差をなくすための制御則として，次式のような **PID**（Proportional＋Integral＋Derivative）フィードバック制御則

$$v(t)=-K_p(q_l(t)-q_d(t))-K_v\dot{q}_m-K_I\int_0^t(q_l(\tau)-q_d(\tau))d\tau \tag{5.47}$$

がよく用いられる．外乱トルクがステップ状に変化 $(T(s)=\bar{T}/s)$ した場合の定常偏差を式（5.44）と同様にして求めると

$$e(\infty)=\lim_{s\to 0}\frac{a_0a_1s}{s^3+a_2s^2+a_1s+a_1K_I/K_p}\cdot\frac{\bar{T}}{n}=0 \tag{5.48}$$

となり，定値の外乱に対して定常偏差は生じない．ただし，式（5.47）の積分ゲイン K_I を大きくとり過ぎるとフィードバック制御系が不安定になるので注意しなければならない．

5.3.4　アドバンストな制御方法

前項では，ロボットに望ましい関節角度や関節速度を与えるにはアクチュエータをどのように制御すればよいかについて考えた．各関節単位で構成される PD や PID 制御則は，アクチュエータを含めたダイナミクスが各関節ごとに独立した線形モデルとして近似できる場合には確かに有効な手段であり，実際に多くの産業用ロボットで用いられている．しかし，前項で示した線形モデルでは式（5.20）で記述されるロボットダイナミクスの非線形性を無視し，自由度間の相互干渉も外乱と見なしているため，非線形性が大きく現れる高速動作時やアクチュエータの出力軸がアームの関節軸に直結される（伝達比 $n=1$ の）ような場合には，望ましい関節動作が実現できるかどうか定かではない．ただしそのような場合でも，重力項（式（5.20）の $\boldsymbol{g}(\boldsymbol{q})$）を実時間で計算し，各関

節のアクチュエータへの指令値に焼き直した後，式（5.31）のPD制御則に付加すれば，目標関節角度 $\boldsymbol{q}_d(t)$ が一定値の場合（$\boldsymbol{q}_d(t)=\bar{\boldsymbol{q}}$），時間の経過とともに実際の関節角度 $\boldsymbol{q}(t)$ が $\bar{\boldsymbol{q}}_d$ に収束することをリヤプノフの安定定理を用いて示すことができる[5)]．目標関節角度 $\boldsymbol{q}_d(t)$ が時間的に大きく変化する場合には，重力項に加えてコリオリ力，遠心力の項（式（5.20）の $\boldsymbol{h}(\boldsymbol{q},\dot{\boldsymbol{q}})$）を付加し，慣性行列 $M(\boldsymbol{q})$ も考慮してアクチュエータへの指令値を生成する非干渉制御理論に基づく方法によって，高精度に目標角度に追従させることが可能となる[1)]．ただしこの方法は，アクチュエータを含めたロボットのダイナミクスが事前に正確に求められていることが前提となっており，ダイナミクスを記述するために用いる物理パラメータをあらかじめ同定しておく必要がある[3)]．

なお，これらのパラメータが未知であっても，ロボットを動作させながらパラメータを自動的に調整することによって追従性能を向上させていく適応制御や，ロボットが動作した結果生じる追従誤差を利用して，アクチュエータへの指令値を修正するプロセスを繰り返すことにより，きわめて高い追従性能を得る学習制御などのアドバンスドな制御方法もある[5)]．

演習問題

5.1　水平面内で動く図5.11のような2関節ロボットアームを考える．各リンクの慣性モーメントは無視し，$l_1=l_2=1$ (m)，$a=b=0.5$ (m)，$m_1=m_2=1$ (kg)，$\theta_1=0$ (rad)，$\theta_2=\pi/2$ (rad) とするとき，次の問に答えよ．

① アームが静止した状態から手先Pを X 軸方向に1 (m/s²) の加速度で加速するために必要な各関節の駆動トルクを求めよ（摩擦は無視してよい）．

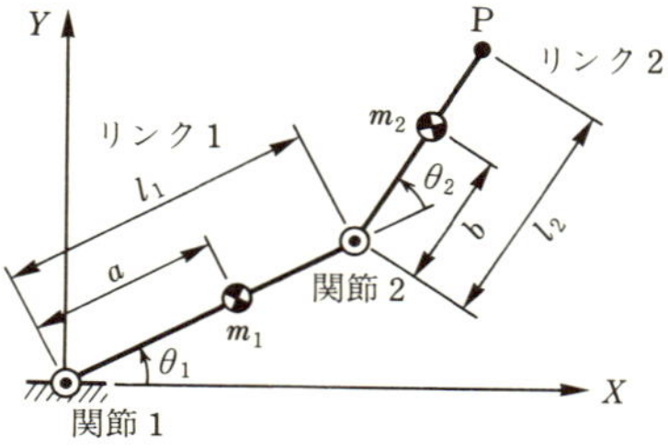

図 5.11

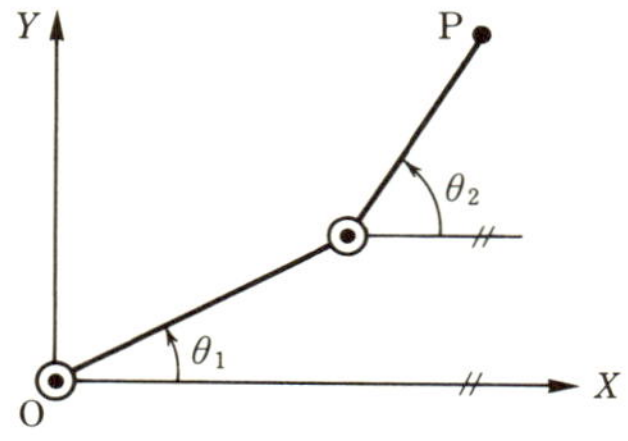

図 5.12

② 図5.12のように関節角度をとり，関節の駆動トルクもそれに応じたトルクを発生するものとするとき，①の問題に改めて答えよ．

5.2 ロボットアームの関節を駆動するモータのサーボ系として図5.13のようなPDフィードバック制御を考えよう．モータにかかる一定の負荷トルク τ と変位 $\Delta\theta = \theta - \theta_d$ の間の静的な関係，すなわち**サーボ剛性**を求めよ．

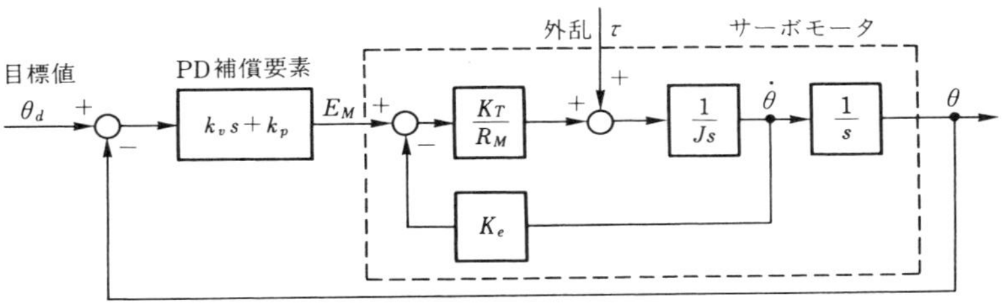

図 5.13

5.3 図5.14に示す XY 平面内を動く2関節ロボットアームを考える．各関節は，いずれも図5.13のサーボ系によって駆動されており，アームの質量は無視できるものとする．このとき，以下の問に答えよ．

① 手先を $r = [x, y]$ に位置決めするには，各関節の目標値をどのように与えればよいか．ただし，XY 平面は水平とする．

② Y 軸の負方向に重力加速度 g が作用し，手先に質量 m の物体を把持しているとき，①の目標値を与えた場合の手先の定常的な位置誤差を求めよ．

③ 手先が $r = [x, y]$ において外界と接触し，静止しているものとする．外界に対して X 方向にのみ大きさ F の力を与えた状態で釣合っているものとすると，このときの各関節の目標値はいくらか．ただし，XY 平面は水平とする．

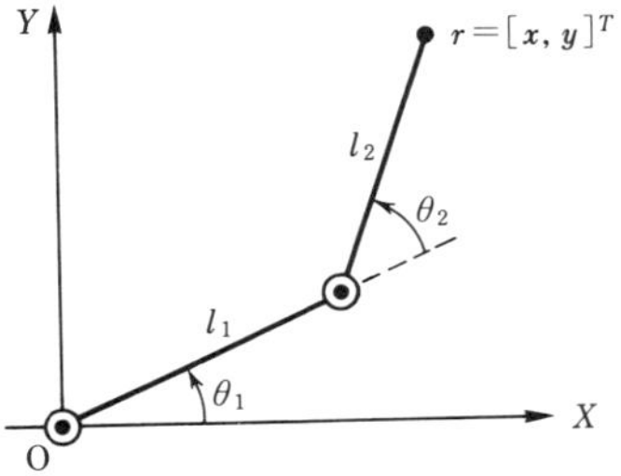

図 5.14

6 移　　動

4 章までに取り上げたタスクは，腕や手からなる上肢を使った手の届く範囲内に存在する対象を操作するものであった．もちろん，われわれは，操作対象が手の届かないところにあれば，移動することによって操作のできる状態を自ら作り出せる．本章では，「ある初期位置姿勢から目的の位置姿勢へ移動させる」タスク（図 6.1）を例にとり，ロボットの移動機能を実現するための基本的事項について説明する．なお，移動ロボットには，車輪型，クローラ型，脚型などさまざまな形態があるが，ここでは，車輪型移動機構に限定し，水平な床面や地面を移動する 2 次元移動に関連した事項について述べる．

6.1 車輪型移動機構のモデル化

6.1.1 ホロノミック拘束と非ホロノミック拘束

ほとんどの車輪型移動機構は非ホロノミックな拘束を受けており，これが移動機能を実現する上で重要なポイントとなる． 移動機構の具体的なモデルについて述べる前に， 力学的な拘束を分類する用語である**ホロノミック，非ホロノミック**について説明する[1)]．

ある系を表現する一般化座標（具体的には位置や角度）を $\boldsymbol{x}\in\boldsymbol{R}^n$，時間を t とする．ホロノミックな拘束とは，次のような代数方程式の形で表現できる拘束のことである．

$$\boldsymbol{h}(\boldsymbol{x}, t) = \boldsymbol{0} \quad \in\boldsymbol{R}^m \tag{6.1}$$

ここで関数 $\boldsymbol{h}$ は解析的であり，式（6.1）には m 個の独立な拘束が含まれていると仮定する ($m\leq n$)．この場合，系を低次元化して，$n-m$ 個の独立な一般化座標によって系の挙動を記述できる．

一方，非ホロノミックな拘束とは，拘束が次のような微分方程式

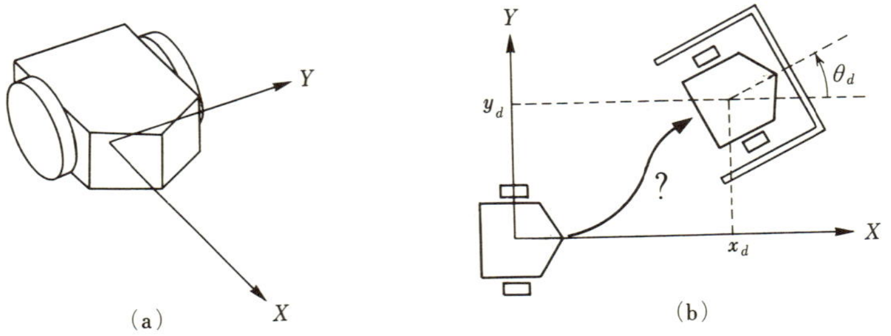

図 6.1 （タスク4）「ある初期位置姿勢から目的の位置姿勢へ移動させる」

$$g(x, \dot{x}, \ddot{x}, t) = 0 \quad \in R^m \tag{6.2}$$

で表され，これが式（6.1）の形に帰着できない場合のことである．この場合は，拘束条件を使っても一般化座標を低次元化できない．

一般に，系の**自由度**とは，一般化座標の数から独立な拘束条件の数を引いたものである．上の説明では，どちらの拘束の場合も自由度は $n-m$ である．しかし，非ホロノミックな拘束を含む系では，低次元化した後の一般化座標の数と自由度の数が異なる．

ホロノミックな拘束の例　図6.2のように，平面上を運動する剛体の状態は，剛体の代表点の位置 x, y と姿勢（方向）θ を一般化座標として表現できる $(n = 3)$．ここで，剛体上のある点を原点にピンジョイントで支持したとする．原点と剛体の代表点までの距離を l とすると，この拘束は

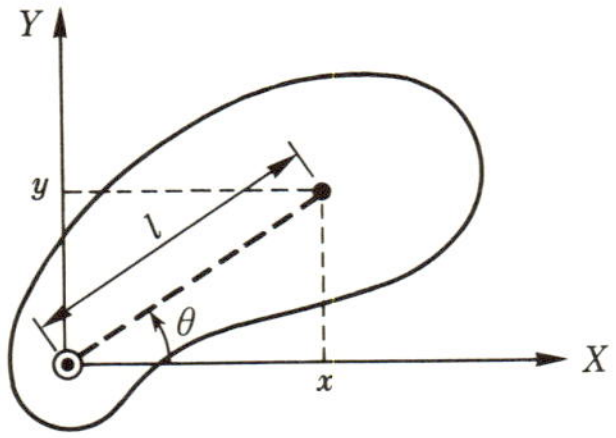

図 6.2　ホロノミック（holonomic）な拘束の例

$$\begin{pmatrix} x - l\cos\theta \\ y - l\sin\theta \end{pmatrix} = \begin{pmatrix} 0 \\ 0 \end{pmatrix} \tag{6.3}$$

と表され（$m=2$），拘束された系の状態は 1 個の一般化座標 θ だけで表現できる．

非ホロノミックな拘束の例　図 6.3 のように，平面の上を半径 r の円盤が垂直を保ちながら滑らずに転がっている系を考える．系の状態を表現するには，接地点の位置 x，y，円盤の方向 θ，円盤の回転角 ϕ の 4 つの一般化座標が必要である（$n=4$）．一方，「滑らずに転がっている」という力学的な拘束は時間微分を用いて以下のように表現できる．

$$\begin{pmatrix} \dot{x} - r\dot{\phi}\cos\theta \\ \dot{y} - r\dot{\phi}\sin\theta \end{pmatrix} = \begin{pmatrix} 0 \\ 0 \end{pmatrix} \tag{6.4}$$

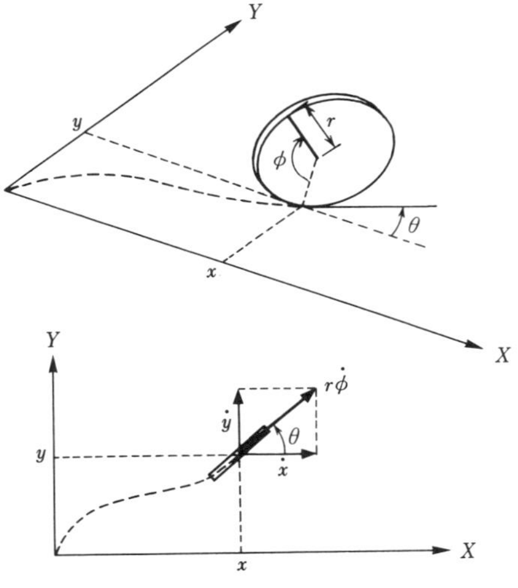

図 6.3　非ホロノミック（non-holonomic）な拘束の例

これは 2 つの独立な拘束条件であり（$m=2$），積分不可能である．つまり，代数的な拘束式に変換することはできない．よって，この系を表現する一般化座標の数は 4 であるが，自由度は $n-m=2$ である．この例は，後で述べる車輪型移動機構のモデルを単純化したものになっている．

ロボティクスの分野で非ホロノミックな拘束を受ける系の他の例としては，

- ロボットハンドが転がりを生じるような接触状態で物体を把持している状況．単純化すれば，2枚の平面に挟まれた球．
- 無重力下で浮遊している宇宙機（人工衛星）に搭載されたロボットアーム．角運動量の保存則が非ホロノミックな拘束として働く．
- アクチュエータのない関節を有するロボットアーム．一般化座標の2階微分（加速度）を含む拘束式になる．

などがある．

以下では，代表的な2つの方式の車輪型移動機構のモデルについて述べる[2)]．

6.1.2　2駆動輪1キャスタ（2DW1C）方式

図6.4に示すように，左右の駆動輪を別のアクチュエータで駆動する方式である．車体を水平に支持するために，駆動輪以外に任意の方向に回転するキャスタ輪やボールキャスタを有している．**左右輪独立駆動**，あるいは，**PWS** (powered wheel steering) などとも呼ばれる．

このような機構をモデル化しよう．まず，左右の駆動輪の中央を車体中心とし，その位置を x，y，車体と X 軸の成す角度を θ とする．この位置2，姿勢1の計3つ一般化座標（$n=3$）でこの車体の状態を完全に表現できる．車輪の回転角は操作量と考えて，一般化座標には含めないことにする．

次に，車輪の厚みは無視できるとし，車体中心から車輪までの距離を d，車輪の半径を r とする．車輪の接地速度を v_R，v_L，回転角度を ϕ_R，ϕ_L とすると

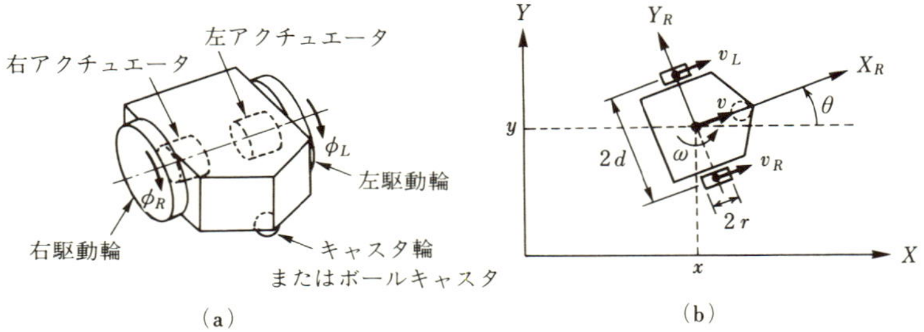

図 6.4　2駆動輪1キャスタ（2DW1C）方式

$$v_R = r\dot{\phi}_R \tag{6.5}$$

$$v_L = r\dot{\phi}_L \tag{6.6}$$

と書くことができる．また，車体中心の並進速度を v，角速度を ω とすると

$$v = \frac{1}{2}(v_R + v_L) \tag{6.7}$$

$$\omega = \frac{1}{2d}(v_R - v_L) \tag{6.8}$$

となる．一般化座標(車体の位置姿勢) の時間微分と，車体中心の並進速度・角度の関係は

$$\dot{x} = v\cos\theta \tag{6.9}$$

$$\dot{y} = v\sin\theta \tag{6.10}$$

$$\dot{\theta} = \omega \tag{6.11}$$

と表される．式 (6.9)，(6.10) は，車輪が横滑りしないという拘束を意味しており，2 つの式から v を消去すると

$$\dot{x}\sin\theta - \dot{y}\cos\theta = 0 \tag{6.12}$$

という関係式が得られる．これは，代数方程式に変換できないので，非ホロノミックな拘束である ($m=1$)．したがって，この系の自由度は $n-m=2$ であり，操作量 (制御入力) の数も 2 となる．

車輪を駆動するアクチュエータは速度制御されているとして，(v, ω) あるいは，$(\dot{\phi}_R, \dot{\phi}_L)$ をこの系の制御入力と見なすと，一般化座標との関係を以下のような形で表現できる．

$$\begin{pmatrix}\dot{x}\\ \dot{y}\\ \dot{\theta}\end{pmatrix} = \begin{pmatrix}\cos\theta & 0\\ \sin\theta & 0\\ 0 & 1\end{pmatrix}\begin{pmatrix}v\\ \omega\end{pmatrix}$$

$$= \frac{r}{2}\begin{pmatrix}\cos\theta & \cos\theta\\ \sin\theta & \sin\theta\\ \dfrac{1}{d} & -\dfrac{1}{d}\end{pmatrix}\begin{pmatrix}\dot{\phi}_R\\ \dot{\phi}_L\end{pmatrix} \tag{6.13}$$

また，このロボットの**回転半径** ρ は以下のように書くことができる．

$$\rho = \frac{v}{\omega} = d\,\frac{v_R + v_L}{v_R - v_L} \tag{6.14}$$

2輪駆動1キャスタ方式の長所は，左右の車輪を逆回転することで，**その場旋回**($\rho=0$)のできることである．このため，小回りが効き，軌道計画や軌道制御を考えやすい．一方で，直進性に劣るという短所をもっている．

6.1.3 1駆動輪1ステアリング(1DW1S)方式

図6.5に示すように，操舵と駆動を行う前輪と，平行して配置された2つの後輪よりなる3輪モデルである．2つの後輪は独立して自由に回転する．

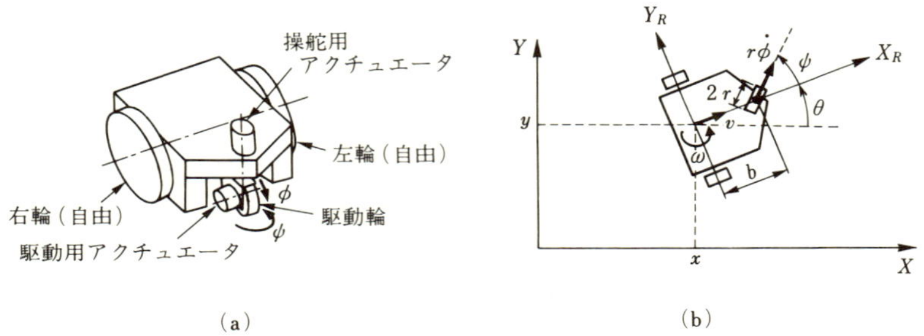

図 6.5 1駆動輪1ステアリング(1DW1S)方式

2つの後輪の中央を車体中心とし，その位置をx，y，車体とX軸の成す角度をθとする．さらに，前輪の操舵角をψとし，これらを合わせて一般座座標とする（一般化座標の数$n=4$）．前輪の回転角ϕは，操作量と考えて一般化座標には含めないことにする．また，前輪と後輪の距離をb，前輪の半径をrとする．

車体中心の並進速度をv，角速度をωとすると

$$v=r\dot{\phi}\cos\psi \tag{6.15}$$

$$\omega=\frac{r}{b}\dot{\phi}\sin\psi \tag{6.16}$$

となる．車体の位置姿勢の時間微分と車体の速度v，ωとの間には，2駆動輪1キャスタ方式と同じ関係式（6.9)～(6.11）が成立する．それらの式からv，ω，$\dot{\phi}$を消去すると

$$\dot{x}\sin\theta-\dot{y}\cos\theta=0 \tag{6.17}$$

$$b^2\dot{\theta}^2-(\dot{x}^2+\dot{y}^2)\tan^2\psi=0 \tag{6.18}$$

という関係式が得られる．これらは，代数方程式に変換できないので，非ホロノミックな拘束である $(m=2)$．したがって，この系の自由度は $n-m=2$ であり，操作量（制御入力）の数も 2 である．

$(\dot{\phi}, \dot{\psi})$ をこの系の制御入力と見なすと，一般化座標との関係を以下のような形で表現できる．

$$\begin{pmatrix} \dot{x} \\ \dot{y} \\ \dot{\theta} \\ \dot{\psi} \end{pmatrix} = \begin{pmatrix} r\cos\psi\cos\theta & 0 \\ r\cos\psi\sin\theta & 0 \\ \dfrac{r}{b}\sin\psi & 0 \\ 0 & 1 \end{pmatrix} \begin{pmatrix} \dot{\phi} \\ \dot{\psi} \end{pmatrix} \tag{6.19}$$

また，このロボットの回転半径 ρ は以下のように書くことができる．

$$\rho = \frac{v}{\omega} = \frac{b}{\tan\psi} \tag{6.20}$$

多くの場合，機構上の理由などから操舵角には限度がある．したがって，2 輪駆動 1 キャスタ方式はその場旋回が可能であるのに対して，1 駆動輪 1 ステアリング方式はゼロでない最小回転半径をもつ．一方で，この方式は，直進性を重視した設計が可能という長所を有している．

なお，自動車のような 4 輪車のモデルは単純ではないが，近似的には 1 駆動輪 1 ステアリング方式と見なすことができる．

以上で説明したように，車輪型移動機構の多くは非ホロノミックな拘束を受けており，移動可能な方向が車体の姿勢に依存している．一方，特殊な機構や特殊な車輪を用いて，車輪型でありながら，車体の姿勢とは独立に任意の方向に移動できる**全方向移動車**（omnidirectional vehicle）も存在する．さまざまな方式が提案されているが，非ホロノミックなものとホロノミックなものに分類できる．ホロノミックなものは，いつでも任意の 3 自由度の速度 $(\dot{x}, \dot{y}, \dot{\theta})$ を発生できるが，非ホロノミックなものは，任意の方向に移動するために何らかの予備動作を必要とする．

6.1.4 2 自由度平面ロボットアームとの対比

前節で説明した移動ロボットのモデルは 2 つの制御入力をもっていた．そこで，それを図 6.6 に示す極座標型の 2 自由度平面ロボットアームと比較してみ

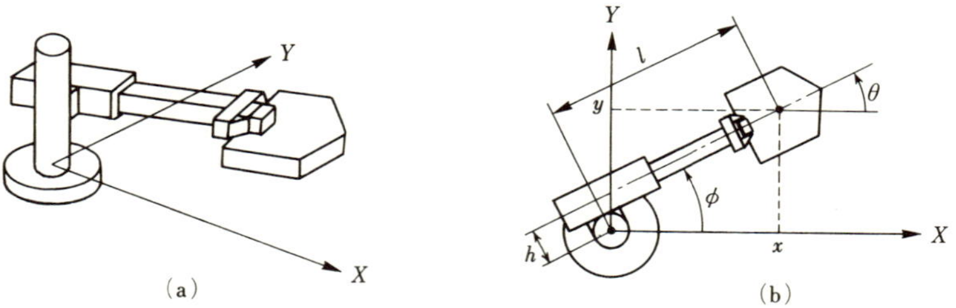

図 6.6 2自由度平面ロボットアーム (2 DOF manipulator)

る．

平面内の剛体の状態は，位置姿勢 x, y, θ の3つの一般化座標で表現できる ($n = 3$)．この剛体をロボットアームの先端で把持した場合を考える．アームの台座は原点に置かれており，そのオフセットを h，回転関節(円周方向)の変位を ϕ，直動関節（径方向）の変位を l とし，簡単のため，ϕ は θ と一致するようにとる．この時，剛体の位置姿勢は次のように表される．

$$x = l\cos\phi - h\sin\phi \tag{6.21}$$

$$y = l\sin\phi + h\cos\phi \tag{6.22}$$

$$\theta = \phi \tag{6.23}$$

これらの式から ϕ, l を消去すると，一般化座標の拘束式が得られる．

$$x\sin\theta - y\cos\theta + h = 0 \tag{6.24}$$

これを時間で微分して

$$\dot{x}\sin\theta - \dot{y}\cos\theta + \dot{\theta}(x\cos\theta + y\sin\theta) = 0 \tag{6.25}$$

と形式的に一般化座標の時間微分を含む拘束式として書くことはできるが，もちろん積分可能であるから，これはホロノミックな拘束である ($m = 1$)．したがって，この系は2つの一般化座標で記述でき，自由度も2である．

系は2自由度であるから，$(\dot{\phi}, \dot{l})$ を制御入力と見なして，一般化座標の時間微分との関係を形式的に2駆動輪1キャスタ方式の場合（式 (6.13)）と同じような形で書くことができる．

$$\begin{pmatrix}\dot{x}\\ \dot{y}\\ \dot{\theta}\end{pmatrix}=\begin{pmatrix}-l\sin\phi-h\cos\phi & \cos\phi\\ l\cos\phi-h\sin\phi & \sin\phi\\ 1 & 0\end{pmatrix}\begin{pmatrix}\dot{\phi}\\ \dot{l}\end{pmatrix}$$
$$=\begin{pmatrix}-\sqrt{x^2+y^2-h^2}\sin\theta-h\cos\theta & \cos\theta\\ \sqrt{x^2+y^2-h^2}\cos\theta-h\sin\theta & \sin\theta\\ 1 & 0\end{pmatrix}\begin{pmatrix}\dot{\phi}\\ \dot{l}\end{pmatrix} \quad (6.26)$$

しかし，この場合には，3 つの一般化座標は，独立に設定することはできない．たとえば，x, y を与えれば θ は決まってしまう．

一方，車輪型移動機構の場合は，2 つの制御入力を調整することによって，3 つの一般化座標を独立に設定することができる．これは，普段にわれわれが自動車の運転でも経験している．われわれは，ハンドルと加減速（アクセル・ブレーキ）の 2 入力を調整することによって，車体を任意の位置姿勢に駐車することができる．次節では，これを制御の問題として捉える．

6.2 制御と軌道計画

6.2.1 制御対象としての特徴

一般に，状態量 $\boldsymbol{x}$，入力 $\boldsymbol{u}$ をもつ連続系の**非線形システム**は $\dot{\boldsymbol{x}}=\boldsymbol{f}(\boldsymbol{x},\boldsymbol{u})$ と書くことができる．このような系の制御を考える場合，平衡点まわりに**線形化**して制御系を設計することがよく行われる．簡単のため $\boldsymbol{x}=\boldsymbol{0}$ を平衡点とすると，以下のような線形システムが得られる．

$$\dot{\boldsymbol{x}}=\boldsymbol{A}\boldsymbol{x}+\boldsymbol{B}\boldsymbol{u} \quad (6.27)$$

ここで，$\boldsymbol{A}=\partial\boldsymbol{f}/\partial\boldsymbol{x}(0,0)$，$\boldsymbol{B}=\partial\boldsymbol{f}/\partial\boldsymbol{u}(0,0)$ である．

ロボットアームの場合は，5 章で説明したような各関節ごとに組まれたサーボ系，あるいは，動力学モデルを線形化したシステムに対して設計された制御系を用いれば，少なくとも目標状態近傍の偏差を減少させることができる．一方，2 駆動輪 1 キャスタ方式の式（6.13）は，状態空間内のすべての点が平衡点であるから，原点のまわりで線形化すると

$$\begin{pmatrix} \dot{x} \\ \dot{y} \\ \dot{\theta} \end{pmatrix} = \frac{r}{2} \begin{pmatrix} 1 & 1 \\ 0 & 0 \\ \frac{1}{d} & -\frac{1}{d} \end{pmatrix} \begin{pmatrix} \dot{\phi}_R \\ \dot{\phi}_L \end{pmatrix} \tag{6.28}$$

となる．線形化されたこの系は明らかに制御に向かない．なぜなら，$\dot{\phi}_R, \dot{\phi}_L$ にどのような値を与えても，y の値を変化させることができない．つまり，横方向には動けないということを意味している．しかし，そのまま横には進めなくても，一度前進か後進して切り返しを行えば，横方向への移動は可能である．実は，このような系は，非線形であることを利用して制御を行わなければならない[3)]．

また，ロボットアームの場合，関節の変位 $\boldsymbol{\phi}$ を与えれば，手先の位置姿勢 $\boldsymbol{x}$ は決定する．つまり，$\boldsymbol{x} = \boldsymbol{f}(\boldsymbol{\phi})$ と表現できる．その逆は，一意ではない場合もあるが，範囲を限定すれば，$\boldsymbol{\phi} = \boldsymbol{f}^{-1}(\boldsymbol{x})$ を求めることができる．一方，車輪型ロボットの場合は，ロボットの位置姿勢 $\boldsymbol{x}$ と車輪の回転角 $\boldsymbol{\phi}$ は，$\dot{\boldsymbol{x}} = \boldsymbol{f}(\boldsymbol{x}, \dot{\boldsymbol{\phi}})$ のように時間微分を用いて関係づけられており，この関係式は不可積分である．つまり，$\boldsymbol{x} = \boldsymbol{f}(\boldsymbol{\phi})$ というような関係式は得られない．したがって，ある時刻のロボットの位置姿勢は，その時刻の車輪の回転角だけからは知ることができず，その時刻までの時間履歴に依存する．

$$\boldsymbol{x}(t) = \boldsymbol{x}(t_0) + \int_{t_0}^{t} \boldsymbol{f}(\boldsymbol{x}, \dot{\boldsymbol{\phi}}) d\tau \tag{6.29}$$

6.2.2 軌道計画

ロボットアームでは，離散的な点だけの集合として目標状態を指定する**PTP**（point to point）**制御**と，連続的な軌道として目標状態を指定する**CP**（continuous path）**制御**の両方が使われる．一方，非ホロノミックな車輪型移動ロボットでは，最終状態だけが目的で，そこへ至る軌道は重要でない場合でも，前述の制約により，拘束条件を考慮してそこへ至る軌道を設計するのが一般的である．

では，初期状態（スタート位置姿勢）と最終状態（ゴール位置姿勢）が与えられた場合に，どのような軌道を設計すればいいか考えてみよう（図6.1）．

● その場旋回と直進の組合せ

その場旋回が可能な2駆動輪1キャスタ方式の場合には，最も簡単な方法である（図 6.7）．

1）その場旋回でゴールの方を向く

2）ゴール位置まで直進

3）その場旋回で目標の姿勢まで回転

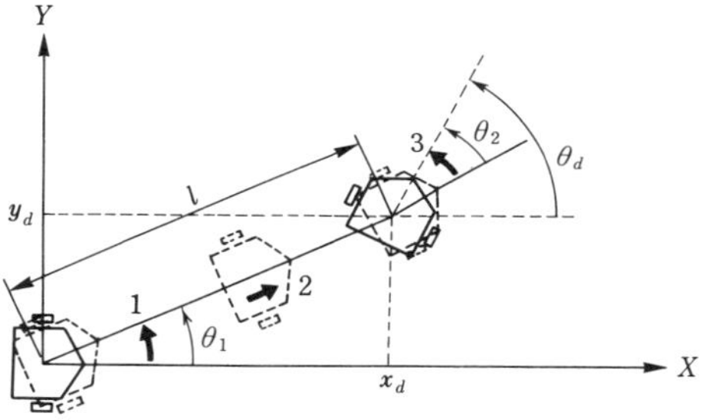

$$l = \sqrt{x_d^{\,2} + y_d^{\,2}}$$
$$\theta_1 = \tan^{-1}(y_d / x_d)$$
$$\theta_2 = \theta_d - \theta_1$$

図 6.7　その場施回と直進による軌道

この方法は単純でわかりやすいが，その反面，その場旋回と直進の切り替わる際に片方の車輪の回転方向が切り替わるので，滑らかな制御を実現しにくい．また，その場旋回のできない場合には使えない．

●円弧と直線の組合せ

1 駆動輪 1 ステアリング方式の場合は最小回転半径が存在する．また，2 駆動輪 1 キャスタ方式の場合でも，回転半径の下限を設定すれば滑らかな運動を実現しやすい．そこで，最小回転半径 $\rho_{\min}$ の円弧と直線の組合せで軌道を設計する（図 6.8）．

1）初期状態および最終状態でロボットに接するような半径 $\rho_{\min}$ の円を 2 つずつ考える．

2）初期状態と最終状態で 1 つずつ円を選ぶと，円が重なっていない場合は共通接線が 4 本あり，円弧→直線→円弧と辿る向きを考慮すると，適合するのはその中の 2 本である．円の組合せを変えると軌道の候補は全部で 8

種類.

3）8種類の軌道から最も適切なものを選ぶ.

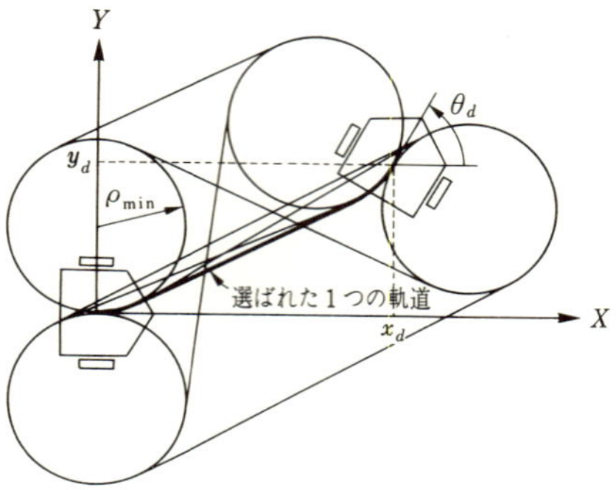

図 6.8 円弧と直線の組合せによる軌道

● **曲率連続軌道**

円弧と直線の組合せによる軌道は1階微分は連続であるが，2階微分，いい換えれば曲率は不連続である．軌道上を止らずに滑らかに移動したい場合は曲率が急に変化することは望ましくない．曲率が不連続な点においては，2駆動輪1キャスタ方式の場合，車輪の速度が急変し，慣性力による衝撃が生じ，アクチュエータの負荷も大きい．また，1駆動輪1ステアリング方式では，厳密には停止状態で操舵輪を旋回(据え切り)しなければ実現できない．このような不具合を避けるために，たとえば，**クロソイド**（clothoid）**曲線**を用いた軌道設計がある．クロソイド曲線は，曲率 $\kappa=1/\rho$ が径路の長さ s に比例する曲線である．

$$\kappa = as \quad (a \text{ は定数}) \tag{6.30}$$

ここでは，クロソイド曲線を用いた簡単な軌道の例を示すに留める[2)]．たとえば，点(0,0)から(1,1)の間で直線 $y=0$ から直線 $x=1$ に移る軌道を求める場合（図6.9），その間の曲率 κ の変化を

$$\kappa = \begin{cases} \kappa_m \dfrac{s}{s_1} & (0 \leq s \leq s_1) \\ \kappa_m \dfrac{(s_2 - s)}{s_1} & (s_1 \leq s \leq s_2 = 2s_1) \end{cases} \tag{6.31}$$

のように与え，s_1 と κ_m は終端条件を満たすように選べばよい．

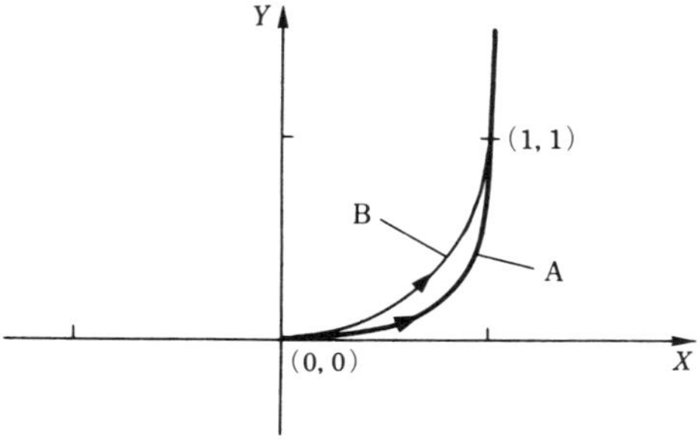

（a）クロソイド曲線による直線の緩和

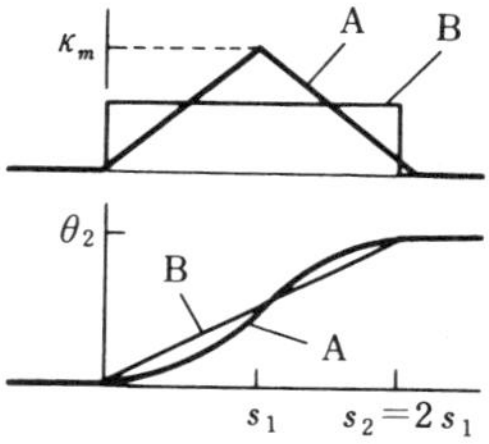

（b）曲率 κ と軌跡の接線の傾き θ の変化

図 6.9　クロソイド曲線と円弧による軌道の比較[2)]

6.2.3　軌道制御

前述のような方法で，移動ロボットの辿るべき時間軌道 $x_r(t)$，$y_r(t)$ が与えられた場合に，車輪をどのように制御すればいいであろうか．外乱が作用しない理想的な状況における移動ロボットの並進速度 v_r と角速度 ω_r は

$$\theta_r = \tan^{-1}\frac{\dot{y}_r}{\dot{x}_r} \tag{6.32}$$

$$v_r = \sqrt{\dot{x}_r{}^2 + \dot{y}_r{}^2} \tag{6.33}$$

$$\omega_r = \dot{\theta}_r \tag{6.34}$$

から求められる．実際にはさまざまな外乱が加わり，実際の軌道と目標軌道の間に誤差が生じるため，たとえば，次のようなフィードバック制御によって移動ロボットの並進速度 v と角速度 ω を修正する[4)]．

$$v = v_r \cos e_\theta + K_x e_x \tag{6.35}$$

$$\omega = \omega_r + v_r(K_y e_y + K_\theta \sin e_\theta) \tag{6.36}$$

ここで，e_x，e_y，e_θ は，ロボット上の座標系を基準にした目標との偏差である．

$$e_x = (x_r - x)\cos\theta + (y_r - y)\sin\theta \tag{6.37}$$

$$e_y = -(x_r - x)\sin\theta + (y_r - y)\cos\theta \tag{6.38}$$

$$e_\theta = \theta_r - \theta \tag{6.39}$$

また，x, y, θ は現在のロボットの位置姿勢，K_x，K_y，K_θ は正定数（フィードバックゲイン）である．

これを実際の車輪のアクチュエータの制御に用いるには，2駆動輪1キャスタ方式の場合ならば，$\dot{\phi}_R$，$\dot{\phi}_L$ を以下のように変換すればよい．

$$\dot{\phi}_R = \frac{v + d\omega}{r} \tag{6.40}$$

$$\dot{\phi}_L = \frac{v - d\omega}{r} \tag{6.41}$$

ただし，ここでは車輪のアクチュエータは十分に高いゲインで速度制御されていると仮定している．

6.3 自己位置推定

ロボットマニピュレータでは，リンクや関節の誤差を無視できるならば，関節の角度から順運動学のモデルに基づき手先の位置姿勢を知ることができる．一方，車輪型移動ロボットでは，前述したように，ある時刻における位置姿勢は，その瞬間のタイヤの回転角からだけでは知ることができず，センサ値の時系列を積算して求める必要がある．したがって，スリップや床面の凹凸によるタイヤの変形などで生じる誤差は蓄積するばかりである．そこで，外部の基準に基づいて自己位置を推定する別の方法も必要である．

一般に移動体が自己位置を推定する方法は2つに分類することができる．

● 内部センサ値を積算する方法

タイヤの回転角，ジャイロ，加速度計等の移動体内部のセンサだけで計測できる値を積算して自己位置を求める．**デッドレコニング**（dead reckoning），または，**オドメトリ**（odometry）と呼ぶ．内部のセンサ情報だけを用いればよいので簡便であが，原理上，誤差が蓄積することはまぬがれない．

● 外部の基準を用いる方法[5)]

空間に対する位置が正確にわかっている灯台，ランドマーク，GPS衛星等の基準に対する方向や距離から自己位置を求める．測定には，電波，光，画像，超音波などが利用される．また，そのために設置された基準ではなく，地形や道路などを手がかりに推定する方法もある．過去の状態に依存せずに推定が行える（誤差蓄積の心配がない）が，環境中に正確な基準を設けたり，環境の正確な知識（地図など）をもっていることが必須である．

実用的なシステムにおいては，2つの方法は相補的に利用するべきである．たとえば，自動車のカーナビゲーションシステムでは，ビル街や山中でGPS衛星からの電波がとらえられない場合には，車輪の回転角やジャイロの値を積算して位置推定を行い，衛星からの情報が得られた際に，蓄積された誤差をリセットするようになっている．

6.3.1 デッドレコニング

内部センサ値を積算する自己位置推定の一例として，2駆動輪1キャスタ方式で車輪の回転角センサを用いる具体的な方法について述べる．車輪を駆動するアクチュエータの軸にはロータリエンコーダが取り付けられており，その出力のパルス波をカウンタ回路で計数し換算して車輪の回転角を求めるとする．ただし，得られるのは絶対的な角度ではなく，カウンタをリセットした時の角度を基準とする相対値である．

さて，時刻 t_0 とその Δt 後の時刻 t_1 との間のロボットの位置姿勢の関係を考える．

$$\Delta t = t_1 - t_0 \tag{6.42}$$

式（6.9)～(6.11）をこの区間で積分すると，

$$x_1 = x_0 + \int_{t_0}^{t_1} v \cos\theta \, dt \tag{6.43}$$

$$y_1 = y_0 + \int_{t_0}^{t_1} v \sin\theta \, dt \tag{6.44}$$

$$\theta_1 = \theta_0 + \int_{t_0}^{t_1} \omega \, dt \tag{6.45}$$

となる．ここで，Δt の間で v，ω が一定であるとすると，θ は次のように表される．

$$\theta(t) = \theta_0 + \omega(t - t_0) \tag{6.46}$$

式（6.46）を式（6.43)～(6.45）に代入して計算すると

$$x_1 = x_0 + \frac{v}{\omega}(\sin\theta_1 - \sin\theta_0) \tag{6.47}$$

$$y_1 = y_0 - \frac{v}{\omega}(\cos\theta_1 - \cos\theta_0) \tag{6.48}$$

$$\theta_1 = \theta_0 + \omega\Delta t \tag{6.49}$$

となる．また，カウンタ値から変換された車輪の角度の変化から，車輪速度は以下のように求める．

$$\dot{\phi}_R = \frac{\phi_{R1} - \phi_{R0}}{\Delta t} = \frac{\Delta\phi_R}{\Delta t} \tag{6.50}$$

$$\dot{\phi}_L = \frac{\phi_{L1} - \phi_{L0}}{\Delta t} = \frac{\Delta\phi_L}{\Delta t} \tag{6.51}$$

以上を式（6.5），(6.6)，式（6.7），(6.8）に代入して，さらに，式（6.47）～(6.49）に代入して整理すると，以下のような関係式が得られる．

$$x_1 = x_0 + \frac{r}{2}(\Delta\phi_R + \Delta\phi_L)\frac{\sin\theta_1 - \sin\theta_0}{\theta_1 - \theta_0} \tag{6.52}$$

$$y_1 = y_0 - \frac{r}{2}(\Delta\phi_R + \Delta\phi_L)\frac{\cos\theta_1 - \cos\theta_0}{\theta_1 - \theta_0} \tag{6.53}$$

$$\theta_1 = \theta_0 + \frac{r}{2d}(\Delta\phi_R - \Delta\phi_L) \tag{6.54}$$

既知の位置姿勢を初期値とし，x_1，y_1，θ_1 を x_0，y_0，θ_0 に置き換えながら式(6.52)～(6.54）の計算を繰り返して，最新のロボットの位置姿勢を得ることができる．なお，式（6.52），(6.53）は，$\theta_1 - \theta_0$ がゼロや非常に小さい場合（直進時）には数値計算上の問題が生じる．そこで，そのような場合，あるいは，Δt 間の θ の変化が大きくない場合にはつねに，代わりとして以下の式を用いる．

$$x_1 = x_0 + \frac{r}{2}(\Delta\phi_R + \Delta\phi_L)\cos\left(\frac{\theta_0 + \theta_1}{2}\right) \tag{6.55}$$

$$y_1 = y_0 + \frac{r}{2}(\Delta\phi_R + \Delta\phi_L)\sin\left(\frac{\theta_0 + \theta_1}{2}\right) \tag{6.56}$$

車輪の回転角に基づくデッドレコニングは簡便であるが，センサの分解能，機構のモデルと実際のずれ，路面の凹凸，車輪のロックやスリップ等のさまざまな要因により誤差が生じやすい．また，原理上，誤差は蓄積されて増加するばかりである．そこで，これらの誤差を軽減するために，駆動輪とは別の計測用の車輪を設けたり，レートジャイロを用いて角速度を計測する方法も使われている．

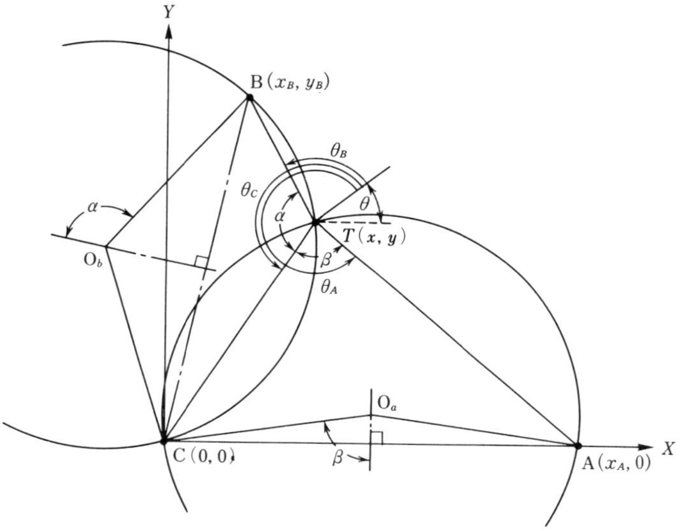

図 6.10　3 基準点の方向に基づく位置推定[6)]

6.3.2 灯　　台

外部の基準を用いる自己位置推定の一例として，灯台のようにいくつかの基準に対する方向が得られる場合の問題を考える[6)]．

平面上に一直線上にない 3 基準点 A, B, C が設置されているとする．移動ロボットの進行方向を基準にしてロボットから各点へ方向の角度 θ_A, θ_B, θ_C を測定する．この 3 つの値から，ロボットの位置姿勢を推定する．3 点 A, B, C に対して座標系を図 6.10 のように定めても一般性を損なわない．つまり，各点の座標値は，$(x_A, 0)$, (x_B, y_B), $(0, 0)$ とする．2 つの基準点の開き角を $\alpha = \theta_C - \theta_B$, $\beta = \theta_A - \theta_C$ と定義する．すると，ロボットは点 B, C を通り円周角 α の円と，点 C, A を通り円周角 β の円の交点にあることがわかる．2 つの円の中心 O$_a$, O$_b$ は，$(x_A/2, x_A \cot\beta/2)$, $((x_B + y_B \cot\alpha)/2, (y_B - x_B \cot\alpha)/2)$ となる．したがって，これらの 2 円の方程式は，以下のように表される．

$$x^2 - x_A x + y^2 - x_A y \cot\beta = 0 \qquad (6.57)$$

$$x^2 - (x_B + y_B \cot\alpha)x + y^2 - (y_B - x_B \cot\alpha)y = 0 \qquad (6.58)$$

2式を連立させて解くと，ロボットの位置姿勢は以下のように求まる．

$$x = x_A \frac{1+K\cot\beta}{1+K^2} \tag{6.59}$$

$$y = Kx \tag{6.60}$$

$$\theta = \tan^{-1}\frac{y}{x} - \theta_c + \pi \tag{6.61}$$

$$K = \frac{x_A - x_B - y_B\cot\alpha}{y_B - x_B\cot\alpha - x_A\cot\beta} \tag{6.62}$$

以上のように方向だけを利用する方法以外に，基準点までの距離も利用する方法もある．たとえば，ロボットが運動する面に対して，基準が異なる高さにある場合，基準に向いた俯角や仰角から基準までの距離を求めることができる．このような場合には，最低2つの基準点に対する測定ができれば推定が可能である．ただし，基準までの距離が大きい場合は精度は期待できないので，それを考慮した方法が必要であろう．

また，移動体上の異なる3点から1つの基準を観測することによって自己位置を推定する方法もある[7)]．

6.3.3 GPS

外部の基準を用いる自己位置推定の別の例として，最近非常に一般的に使われているGPSを用いた方法の原理を紹介する[8)]．

GPS（global positioning system）とは，**全地球的測位システム**と訳されており，アメリカ合衆国で開発され運用されている．GPSを用いた位置推定は，複数の人工衛星から発せられる電波を移動体上で受信しその信号に基づいて行われる．GPS衛星はおよそ24個で運用されており，高度約20000 km，軌道傾斜角（赤道面からの角度）55度で，等間隔の昇交点赤経（軌道が赤道面を横切る点の経度）の6つの円軌道上に配置されている．衛星は高精度な原子時計を搭載しており，時刻に同期して信号を送信している．したがって，信号を受信した時刻を高精度に計測することで，衛星からの距離を求めることができる．つまり，GPSによる3次元位置推定は，幾何学的には各基準点を中心とする球面の交点を求めることである．理想的には3点からの距離がわかれば位置が求まるが，受信機の時計の精度が良くない場合には，計測された距離には誤差が含まれている．しかし，誤差がない場合に理論上必要な最低限の衛星数 3 よりも使用衛星を 1 つ増やすことで，誤差を推定することができる．このため，受信機の時計は水晶発振子程度のもので十分である．

受信できた衛星数を n とする．求める 3 次元位置ベクトルに時計の誤差に起因する距離の誤差(クロックバイアス)を追加した 4 次元ベクトルを $\boldsymbol{x} = (x, y, z, c)$ とする．i 番目の衛星の位置ベクトルを (X_i, Y_i, Z_i) とし，衛星からの信号の受信時刻に基づいて計測された距離を R_i とする．

$$R_i = r_i(x, y, z) + c \tag{6.63}$$

$$r_i(x, y, z) = \sqrt{(X_i - x)^2 + (Y_i - y)^2 + (Z_i - z)^2} \tag{6.64}$$

ここで，$i = 1, 2, \cdots, n$ である．このモデルに対して，非線形最小 2 乗法[9]で推定値 $\boldsymbol{x}$ を決定する．具体的には，適当な初期値 $\boldsymbol{x}^{(0)} = (x^{(0)}, y^{(0)}, z^{(0)}, 0)$ を与えて，収束するまで以下の計算を繰り返す．実際には数回の繰り返しでおおむね良好な精度が得られる．

$$\boldsymbol{x}^{(k+1)} = \boldsymbol{x}^{(k)} + \boldsymbol{A}^{+}(\boldsymbol{x}^{(k)}) \Delta \boldsymbol{R}(\boldsymbol{x}^{(k)}) \tag{6.65}$$

$$\boldsymbol{A}^{+} = (\boldsymbol{A}^T \boldsymbol{A})^{-1} \boldsymbol{A}^T \tag{6.66}$$

ここで，ヤコビ行列 $\boldsymbol{A}$ と観測値の修正量 $\Delta \boldsymbol{R}$ を以下のように定義する．

$$\boldsymbol{A}(\boldsymbol{x}) = \begin{pmatrix} \dfrac{x - X_1}{r_1} & \dfrac{y - Y_1}{r_1} & \dfrac{z - Z_1}{r_1} & 1 \\ \dfrac{x - X_2}{r_2} & \dfrac{y - Y_2}{r_2} & \dfrac{z - Z_2}{r_2} & 1 \\ \vdots & \vdots & \vdots & \vdots \\ \dfrac{x - X_n}{r_n} & \dfrac{y - Y_n}{r_n} & \dfrac{z - Z_n}{r_n} & 1 \end{pmatrix} \tag{6.67}$$

$$\Delta \boldsymbol{R}(\boldsymbol{x}) = \begin{pmatrix} R_1 - r_1 - c \\ R_2 - r_2 - c \\ \vdots \\ R_n - r_n - c \end{pmatrix} \tag{6.68}$$

通常の GPS よりもっと高精度な位置推定が必要な場合には，**DGPS** (differential GPS) **方式**が使われる．これは，既知の位置に地上局を設置し，そこで GPS 衛星からの信号を受信してその信号に乗っている誤差を推定し，必要な補正量等を各移動体に送ることによって，高精度を得ようというものである．補正情報の送り方にさまざまな種類がある．

演習問題

6.1　図6.11に示すような1駆動輪1ステアリング方式の移動ロボットにおいて，$r = 0.05$，$d = 0.1$，$b = 0.3$とする．

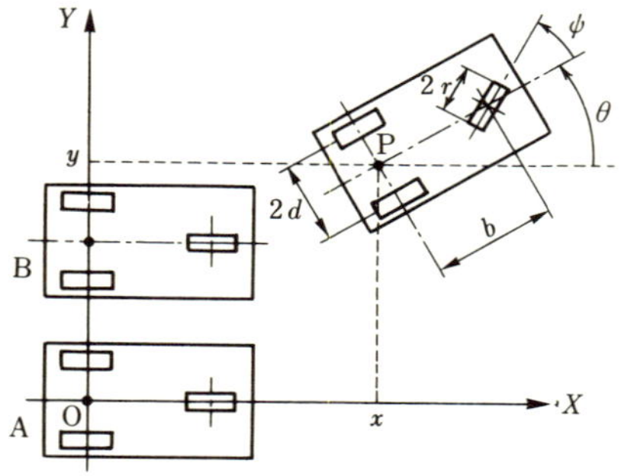

図 6.11　車輪型移動ロボットのモデル

(a) 操舵角は，$|\phi| \leq \pi/4$ の範囲で動くとして，点Pの最小回転半径を求めよ．

(b) 車輪による拘束条件を維持したまま，状態A($x = 0$，$y = 0$，$\theta = 0$)から状態B($x = 0$，$y = 0.4$，$\theta = 0$)に移動させるための経路を作成したい．経路を最小回転半径の円弧と直線の組合せで構成するとして，操舵角の切り替えが最も少なく，経路の長さが最も小さくなるような経路を求めよ．点Pの経路を図示し，x，y，θ の変化と操舵角と速度の切り替えを以下の表のような形式で示せ．ヒント；$\tan^{-1}(4/3) \approx 0.93$ である．

x(m)	0	→	-0.3	→	0.3	→	0
y(m)	0	→	-0.3	→	0.1	→	0.4
θ(rad)	0	→	-1.5π	→	-1.5ϕ	→	-2π
ϕ(rad)	0	-0.25π	→	0	→	-0.25π	0
$\dot{\phi}$(+/−)	・	+	・	+	・	+	・
経路長(m)	・	0.45π	・	0.4	・	0.15π	・

経路長の合計 $= 0.4 + 0.6\pi \approx 2.28$(m)

6.2　移動ロボットの並進速度 v 角速度 ω が与えられた場合，1駆動輪1ステアリング方式では，駆動輪の回転速度 $\dot{\phi}$ と操舵角度 ψ をどのように定めればよいか．

6.3　1駆動輪1ステアリング方式において，各時刻に駆動輪の回転角度 ϕ と操舵角度 ψ が計測できるとして，デッドレコニングによる位置推定法を導出せよ．

6.4　3つの灯台 A, B, C の座標は，それぞれ，(100, 0), (0, 300), (0, 0) であることがわかっている．移動体上でこれらの方向を観測したところ，進行方向を基準にそれぞれ $\theta_A = \pi/2$, $\theta_B = -\pi/4$, $\theta_C = \pi/4$ であった．移動体の位置姿勢を，幾何学的な方法（作図）と数値的な方法の両方で求めよ．

6.5　GPS を用いた位置推定の繰り返し計算（式 (6.65)）を導出せよ．

7 センシング
―画像処理の基礎―

一般に，ある2次元平面に表現された光の明るさと色に関する情報を総称して**画像**と呼ぶ．人間が眼という感覚器官を通して獲得する情報（視覚情報）の最初の表現形態も，ロボットがカメラという視覚センサを通して獲得する情報の最初の表現形態も画像である．本章では，この画像からロボットがタスクを遂行するために必要な情報を抽出するための基本事項（画像処理の基礎）について説明する．

7.1 画像の表現

まず，視覚センサ（カメラ）より得られた画像が，コンピュータ上でどのように表現されるかについて述べる．

7.1.1 画像関数

画像は光の強度情報の2次元分布である．したがって，数学的には，2変数に関する1価関数

$$z = f(x, y) \tag{7.1}$$

として表現できる．ここに，独立変数 x，y は画像平面上に設定されたある2次元直交座標系の2つの軸を表す．一般に画像平面は有限であるから，関数 $f(x, y)$ の定義域は実用上 $x \in [-H/2, H/2]$ かつ $y \in [-W/2, W/2]$（ただし，H および W は正定数）と書くことができる．一方，従属変数 z は (x, y) における光の強度情報を示す．一般に，モノクロのカメラを用いた場合，z はスカラー値（光の明るさのみの情報）となり，カラーのカメラを用いた場合，z は3次元ベクトル（各次元がそれぞれ赤，緑，青の強度に対応する）となる．以後の説明では，簡単のため，z がスカラー値となる場合を考える．

7.1.2 ディジタル画像

画像 $z = f(x, y)$ をコンピュータで処理しようとする場合には，それを離散的

な数値の列に変換する必要がある．この変換処理は，一般に「標本化」プロセスと「量子化」プロセスから構成される．本節では，この2つのプロセス（併せて「画像のディジタル化」プロセスと呼ぶ）について順番に説明する．

（プロセス1） **標本化**

標本化は，式（7.1）における独立変数の軸(x, y)のディジタル化である．具体的には，画像$f(x, y)$が定義されているxy平面上の離散的な位置(x_D, y_D)において$f(x_D, y_D)$の値を取り出す操作である．取り出された値は**標本**と呼ばれる．位置（x_D, y_D）は，**標本化間隔**を$\varepsilon(>0)$とするとき，次のように与えることができる．

$$x_D = \varepsilon\cdot(i-i_0) \tag{7.2}$$

$$y_D = \varepsilon\cdot(j-j_0) \tag{7.3}$$

ただし，$f(x, y)$の定義域より，iは$H/\varepsilon+1$を越えない正の整数の集合，jは$W/\varepsilon+1$を越えない正の整数の集合，i_0およびj_0は正定数で，それぞれ$i_0 = H/(2\varepsilon)+1$，$j_0 = W/(2\varepsilon)+1$となる．

（プロセス2） **量子化**

量子化は，式（7.1）における従属変数の軸zのディジタル化である．具体的には，各標本$f(x_D, y_D)$を有限個の非負の整数値集合$\{0, 1, 2, \cdots, q-1\}$のうちの1つに対応させる操作である．ここでqを**量子化レベル**と呼ぶ．いま，この操作を関数g(一般にある階段状の整数値関数である）で表し，各標本位置$(x_D(i), y_D(j))$に対して得られる整数値を新たに$I_{i,j}$で表すものとする．すなわち

$$I_{i,j} = I(x_D(i),\ y_D(j)) = g(f(x_D(i), y_D(j))) \tag{7.4}$$
$$(I_{i,j} \in \{0, 1, 2, \cdots, q-1\})$$

である．ここに，関数Iは関数fとgの合成関数であり，$I = g\circ f$である．

以上の2つのプロセスを経て最終的に得られる$M\times N$個の整数値の集合$\{I_{i,j}\}$ $(i = 1, 2, \cdots, M,\ j = 1, 2, \cdots, N)$が**ディジタル画像**である．ただし，$M = [H/\varepsilon]+1$，$N = [W/\varepsilon]+1$である．$M\times N$点からなるディジタル画像は，「各点の明るさ$I_{i,j}$を要素とした$M$行$N$列の行列」$\mathcal{I} = (I_{i,j})$により表現できる．この行列の要素，すなわちディジタル画像の要素を一般に**画素**と呼ぶ．さらにこの行

列はコンピュータ内では「整数値の2次元配列」として表される．この2次元配列に対してさまざまな処理を施すことを**ディジタル画像処理**または単に**画像処理**という．ただし，画像処理を数学的に議論する際には，行列の要素による表現 $I_{i,j}$ または式(7.4)の関数による表現 $I(x, y)$ を適宜用いるものとする．両者には，次の関係がある．

$$I_{i+k,j+l} = I(x+k\cdot\varepsilon,\ y+l\cdot\varepsilon) \quad \text{if} \quad I_{i,j} = I(x, y) \tag{7.5}$$

ここに，ε は上述した標本化間隔（すなわち隣接する画素間の距離）であり，k および l はある整数である．

［**注意**］ 章末の参考文献に掲げたようなロボットビジョン，画像処理に関する書籍の多くは，画像の水平（横）方向に x 軸を，垂直（縦）方向に y 軸をとって議論を進めている．一方，本書では，式（7.5）からもわかるように，“画像の行列による表現”との整合性を図るため，行列の**行番号 i が増加する方向すなわち垂直（縦）方向に x 軸を，列番号 j が増加する方向すなわち水平（横）方向に y 軸**をとっている点に留意されたい．

7.1.3 具 体 例

ディジタル画像の一例を図7.1に示す．これは $M = 480$，$N = 640$，量子化

図 7.1 ディジタル画像の一例

レベル $q = 256$ のディジタル画像である．したがって，その実体（内部表現）は各要素が 0 から 255 までの値のいずれかをとる 480 行 640 列の整数値配列であるが，紙面の都合上，ここでは，その小行列として，同図(a)の黒枠で囲まれた 20×20 画素の小領域 A, B, C, D の内部表現（20 行 20 列の行列）をそれぞれ式（7.6），（7.7），（7.8），（7.9）に示した．

$$\begin{pmatrix}
197 & 185 & 190 & 199 & 197 & 203 & 207 & 208 & 213 & 208 & 209 & 209 & 209 & 209 & 205 & 211 & 211 & 208 & 214 & 205 \\
195 & 189 & 187 & 191 & 197 & 195 & 198 & 208 & 203 & 200 & 205 & 210 & 207 & 202 & 203 & 212 & 210 & 204 & 208 & 204 \\
191 & 191 & 188 & 186 & 193 & 194 & 191 & 206 & 191 & 185 & 192 & 196 & 198 & 196 & 205 & 208 & 203 & 207 & 199 & 203 \\
194 & 191 & 189 & 187 & 186 & 190 & 193 & 188 & 183 & 178 & 181 & 184 & 193 & 202 & 196 & 198 & 203 & 205 & 202 & 203 \\
189 & 185 & 189 & 188 & 180 & 191 & 190 & 174 & 185 & 186 & 181 & 173 & 178 & 185 & 192 & 200 & 203 & 206 & 198 & 200 \\
187 & 188 & 181 & 189 & 195 & 187 & 171 & 175 & 194 & 195 & 191 & 182 & 176 & 174 & 187 & 197 & 198 & 205 & 200 & 201 \\
189 & 182 & 181 & 183 & 180 & 178 & 177 & 185 & 199 & 201 & 196 & 189 & 189 & 170 & 163 & 171 & 182 & 197 & 201 & 198 \\
180 & 186 & 189 & 182 & 173 & 184 & 193 & 192 & 197 & 201 & 201 & 197 & 201 & 182 & 175 & 170 & 167 & 186 & 201 & 197 \\
186 & 187 & 196 & 203 & 195 & 194 & 195 & 195 & 198 & 202 & 200 & 195 & 202 & 188 & 193 & 187 & 168 & 175 & 185 & 196 \\
194 & 196 & 201 & 211 & 200 & 196 & 196 & 194 & 195 & 196 & 194 & 192 & 202 & 192 & 199 & 196 & 178 & 174 & 164 & 173 \\
195 & 199 & 198 & 201 & 194 & 194 & 194 & 189 & 194 & 191 & 191 & 191 & 191 & 193 & 197 & 194 & 185 & 180 & 172 & 165 \\
192 & 196 & 198 & 201 & 193 & 194 & 192 & 188 & 192 & 189 & 189 & 185 & 184 & 186 & 188 & 191 & 192 & 195 & 180 & 171 \\
191 & 193 & 195 & 197 & 191 & 190 & 187 & 189 & 189 & 189 & 187 & 180 & 184 & 185 & 187 & 188 & 189 & 197 & 182 & 177 \\
187 & 191 & 195 & 195 & 189 & 187 & 186 & 187 & 189 & 187 & 184 & 179 & 183 & 182 & 185 & 185 & 186 & 196 & 181 & 182 \\
184 & 188 & 187 & 188 & 184 & 183 & 183 & 179 & 183 & 185 & 180 & 179 & 185 & 187 & 181 & 180 & 185 & 188 & 179 & 180 \\
179 & 185 & 187 & 183 & 184 & 183 & 183 & 181 & 181 & 183 & 181 & 178 & 180 & 187 & 180 & 177 & 181 & 183 & 181 & 180 \\
176 & 179 & 181 & 183 & 181 & 181 & 179 & 175 & 177 & 175 & 185 & 191 & 183 & 177 & 182 & 183 & 178 & 179 & 177 & 176 \\
174 & 170 & 171 & 184 & 175 & 179 & 181 & 175 & 181 & 167 & 164 & 174 & 181 & 183 & 187 & 187 & 183 & 181 & 187 & 182 \\
173 & 168 & 166 & 177 & 181 & 179 & 173 & 171 & 173 & 177 & 173 & 166 & 170 & 181 & 179 & 183 & 184 & 183 & 184 & 182 \\
170 & 171 & 168 & 172 & 176 & 172 & 167 & 170 & 168 & 173 & 184 & 189 & 185 & 182 & 176 & 176 & 180 & 187 & 180 & 180
\end{pmatrix} \tag{7.6}$$

$$\begin{pmatrix}
69 & 72 & 76 & 81 & 84 & 85 & 87 & 92 & 96 & 118 & 143 & 157 & 160 & 156 & 156 & 160 & 164 & 158 & 161 & 161 \\
71 & 68 & 72 & 81 & 88 & 91 & 90 & 92 & 94 & 107 & 137 & 163 & 169 & 169 & 163 & 160 & 167 & 158 & 162 & 163 \\
66 & 65 & 75 & 82 & 89 & 94 & 92 & 98 & 96 & 97 & 127 & 154 & 159 & 159 & 156 & 157 & 165 & 157 & 161 & 162 \\
73 & 76 & 87 & 86 & 85 & 85 & 88 & 95 & 99 & 103 & 127 & 153 & 163 & 161 & 160 & 162 & 164 & 159 & 160 & 159 \\
71 & 77 & 85 & 86 & 85 & 89 & 92 & 90 & 90 & 95 & 117 & 148 & 161 & 163 & 158 & 159 & 168 & 159 & 161 & 160 \\
69 & 79 & 86 & 84 & 85 & 88 & 84 & 82 & 87 & 97 & 115 & 139 & 155 & 156 & 155 & 158 & 166 & 160 & 161 & 160 \\
66 & 75 & 79 & 85 & 90 & 90 & 88 & 91 & 92 & 92 & 104 & 132 & 156 & 165 & 158 & 158 & 165 & 158 & 161 & 160 \\
77 & 79 & 83 & 87 & 89 & 86 & 83 & 87 & 93 & 94 & 104 & 134 & 159 & 163 & 160 & 159 & 167 & 160 & 160 & 160 \\
77 & 85 & 89 & 93 & 97 & 92 & 86 & 93 & 94 & 93 & 101 & 125 & 153 & 156 & 157 & 160 & 167 & 159 & 161 & 162 \\
73 & 78 & 80 & 90 & 97 & 90 & 78 & 89 & 89 & 86 & 99 & 125 & 159 & 166 & 162 & 161 & 167 & 160 & 162 & 163 \\
72 & 76 & 75 & 83 & 95 & 98 & 93 & 93 & 87 & 81 & 85 & 113 & 149 & 158 & 158 & 159 & 167 & 160 & 160 & 159 \\
73 & 72 & 82 & 87 & 87 & 91 & 97 & 93 & 87 & 82 & 82 & 105 & 142 & 154 & 156 & 157 & 164 & 158 & 162 & 162 \\
77 & 72 & 79 & 85 & 87 & 89 & 93 & 96 & 93 & 84 & 84 & 106 & 147 & 160 & 159 & 159 & 166 & 159 & 161 & 161 \\
85 & 80 & 82 & 86 & 90 & 95 & 99 & 103 & 97 & 92 & 93 & 106 & 140 & 153 & 156 & 158 & 168 & 160 & 164 & 163 \\
85 & 87 & 86 & 81 & 87 & 95 & 96 & 99 & 95 & 88 & 88 & 112 & 144 & 153 & 157 & 158 & 165 & 161 & 161 & 160 \\
76 & 80 & 78 & 82 & 93 & 102 & 105 & 104 & 99 & 93 & 93 & 116 & 154 & 162 & 158 & 157 & 165 & 158 & 160 & 161 \\
78 & 75 & 77 & 85 & 93 & 99 & 101 & 102 & 93 & 90 & 96 & 117 & 153 & 155 & 156 & 159 & 163 & 159 & 160 & 162 \\
66 & 68 & 70 & 73 & 79 & 86 & 87 & 91 & 89 & 84 & 91 & 112 & 151 & 159 & 157 & 159 & 163 & 160 & 162 & 161 \\
60 & 64 & 75 & 79 & 81 & 84 & 86 & 90 & 80 & 78 & 91 & 122 & 159 & 160 & 157 & 158 & 163 & 160 & 159 & 158 \\
62 & 62 & 71 & 75 & 78 & 82 & 91 & 95 & 82 & 78 & 97 & 127 & 154 & 157 & 156 & 157 & 159 & 156 & 157 & 155
\end{pmatrix} \tag{7.7}$$

$$
\begin{pmatrix}
140 & 143 & 142 & 144 & 143 & 143 & 142 & 129 & 102 & 84 & 87 & 121 & 141 & 142 & 126 & 111 & 98 & 80 & 83 & 78 \\
138 & 138 & 138 & 142 & 141 & 142 & 140 & 124 & 91 & 77 & 82 & 115 & 138 & 141 & 134 & 126 & 112 & 86 & 78 & 72 \\
139 & 139 & 139 & 141 & 144 & 139 & 120 & 89 & 77 & 75 & 83 & 115 & 136 & 139 & 141 & 131 & 108 & 80 & 81 & 80 \\
139 & 140 & 135 & 135 & 128 & 113 & 87 & 74 & 75 & 73 & 74 & 100 & 132 & 142 & 142 & 139 & 124 & 99 & 84 & 79 \\
94 & 96 & 92 & 88 & 78 & 75 & 70 & 68 & 73 & 70 & 72 & 94 & 123 & 139 & 141 & 132 & 124 & 108 & 86 & 83 \\
68 & 66 & 69 & 73 & 69 & 70 & 70 & 62 & 65 & 67 & 73 & 85 & 111 & 139 & 143 & 141 & 134 & 121 & 93 & 78 \\
69 & 71 & 69 & 72 & 69 & 68 & 72 & 77 & 78 & 70 & 72 & 77 & 95 & 134 & 139 & 142 & 138 & 121 & 96 & 82 \\
69 & 64 & 62 & 66 & 64 & 66 & 73 & 91 & 107 & 80 & 71 & 75 & 100 & 140 & 143 & 145 & 140 & 121 & 101 & 87 \\
75 & 73 & 67 & 72 & 64 & 73 & 102 & 120 & 105 & 81 & 73 & 75 & 96 & 135 & 137 & 141 & 139 & 127 & 110 & 87 \\
72 & 72 & 72 & 65 & 73 & 103 & 125 & 122 & 96 & 78 & 78 & 78 & 93 & 129 & 139 & 145 & 143 & 128 & 118 & 94 \\
74 & 77 & 74 & 77 & 83 & 119 & 135 & 125 & 96 & 76 & 75 & 77 & 91 & 126 & 137 & 143 & 143 & 134 & 122 & 92 \\
80 & 72 & 68 & 88 & 116 & 131 & 137 & 123 & 90 & 75 & 75 & 74 & 89 & 125 & 138 & 141 & 143 & 135 & 121 & 100 \\
91 & 72 & 68 & 91 & 128 & 137 & 138 & 123 & 90 & 77 & 75 & 74 & 83 & 112 & 133 & 141 & 144 & 139 & 125 & 103 \\
95 & 76 & 90 & 119 & 137 & 139 & 137 & 121 & 85 & 73 & 72 & 78 & 85 & 107 & 135 & 141 & 145 & 141 & 129 & 111 \\
91 & 79 & 101 & 131 & 137 & 140 & 137 & 119 & 85 & 70 & 71 & 74 & 76 & 103 & 132 & 140 & 144 & 141 & 132 & 118 \\
84 & 81 & 99 & 134 & 136 & 139 & 136 & 119 & 91 & 75 & 72 & 69 & 72 & 94 & 131 & 142 & 144 & 143 & 134 & 124 \\
78 & 92 & 117 & 135 & 138 & 138 & 135 & 116 & 82 & 76 & 79 & 78 & 75 & 98 & 133 & 138 & 143 & 143 & 134 & 124 \\
83 & 100 & 125 & 137 & 137 & 138 & 139 & 124 & 94 & 81 & 81 & 76 & 77 & 94 & 129 & 140 & 143 & 143 & 142 & 128 \\
91 & 112 & 132 & 137 & 141 & 139 & 139 & 124 & 90 & 79 & 77 & 74 & 72 & 93 & 130 & 141 & 143 & 141 & 139 & 124 \\
96 & 114 & 135 & 137 & 141 & 140 & 138 & 122 & 94 & 84 & 75 & 70 & 71 & 94 & 128 & 138 & 144 & 145 & 142 & 127
\end{pmatrix}
\tag{7.8}
$$

$$
\begin{pmatrix}
113 & 115 & 116 & 111 & 113 & 112 & 115 & 118 & 117 & 124 & 122 & 124 & 122 & 119 & 119 & 117 & 118 & 119 & 120 & 122 \\
117 & 114 & 114 & 115 & 117 & 116 & 119 & 121 & 120 & 121 & 119 & 118 & 118 & 116 & 117 & 114 & 119 & 122 & 117 & 114 \\
117 & 116 & 115 & 117 & 121 & 121 & 119 & 118 & 117 & 118 & 117 & 118 & 117 & 114 & 117 & 115 & 117 & 118 & 118 & 122 \\
111 & 115 & 116 & 112 & 118 & 117 & 117 & 119 & 119 & 118 & 112 & 109 & 115 & 116 & 115 & 113 & 116 & 118 & 116 & 119 \\
111 & 117 & 119 & 113 & 116 & 115 & 115 & 116 & 115 & 113 & 106 & 108 & 116 & 117 & 119 & 118 & 119 & 117 & 117 & 119 \\
109 & 113 & 114 & 112 & 116 & 114 & 116 & 114 & 109 & 115 & 113 & 116 & 114 & 112 & 116 & 113 & 119 & 122 & 118 & 119 \\
112 & 114 & 114 & 112 & 115 & 112 & 114 & 114 & 112 & 122 & 116 & 116 & 116 & 112 & 120 & 116 & 117 & 120 & 119 & 117 \\
114 & 114 & 116 & 117 & 112 & 109 & 111 & 112 & 110 & 115 & 113 & 117 & 119 & 115 & 118 & 116 & 116 & 117 & 120 & 119 \\
113 & 114 & 114 & 112 & 112 & 112 & 111 & 110 & 112 & 118 & 115 & 117 & 118 & 115 & 116 & 114 & 114 & 114 & 117 & 120 \\
112 & 113 & 113 & 112 & 113 & 111 & 111 & 112 & 113 & 115 & 112 & 113 & 116 & 117 & 116 & 114 & 115 & 116 & 116 & 121 \\
113 & 111 & 115 & 117 & 116 & 113 & 116 & 116 & 113 & 113 & 113 & 113 & 113 & 113 & 114 & 117 & 118 & 118 & 117 & 116 \\
109 & 112 & 112 & 111 & 118 & 113 & 113 & 116 & 113 & 113 & 111 & 111 & 112 & 113 & 115 & 116 & 114 & 112 & 117 & 123 \\
113 & 112 & 108 & 104 & 111 & 111 & 113 & 116 & 114 & 116 & 116 & 117 & 117 & 114 & 112 & 114 & 117 & 116 & 116 & 113 \\
109 & 113 & 115 & 110 & 111 & 111 & 112 & 113 & 112 & 112 & 112 & 116 & 117 & 115 & 119 & 117 & 119 & 118 & 119 & 119 \\
114 & 115 & 117 & 115 & 117 & 117 & 117 & 116 & 111 & 111 & 119 & 122 & 119 & 116 & 117 & 117 & 119 & 117 & 117 & 119 \\
114 & 114 & 114 & 112 & 116 & 110 & 110 & 112 & 114 & 116 & 110 & 113 & 116 & 112 & 116 & 114 & 116 & 116 & 113 & 114 \\
110 & 115 & 115 & 112 & 119 & 115 & 115 & 114 & 114 & 119 & 114 & 117 & 121 & 118 & 117 & 117 & 118 & 115 & 112 & 117 \\
114 & 115 & 115 & 113 & 117 & 112 & 111 & 114 & 112 & 117 & 115 & 114 & 112 & 111 & 117 & 114 & 115 & 117 & 118 & 117 \\
115 & 116 & 116 & 113 & 118 & 117 & 122 & 122 & 114 & 117 & 114 & 115 & 117 & 116 & 119 & 120 & 120 & 120 & 120 & 118 \\
114 & 113 & 110 & 109 & 113 & 114 & 119 & 118 & 114 & 118 & 114 & 114 & 119 & 120 & 118 & 115 & 115 & 116 & 117 & 118
\end{pmatrix}
\tag{7.9}
$$

図 7.1 と式（7.6）〜式（7.9）の対応について

小領域 A は人形の白い口ひげの部分をとらえており，200 前後の比較的明るい画素値で構成されている（式（7.6）参照）．口ひげを表す細かな模様があり，それが微妙な画素値の変化を引き起こしている．

小領域 B は別の人形の足の境界部分をとらえている．人形の足の部分の明るさは比較的暗いが，その背景は明るい．これに対応して，その内部表現である式（7.7）では，列番号が小さい画素（人形の足部分）は比較的値が小さくなっており（80 前後の値），列番号がある程度大きくなると，明るさが急変し 160 前後の大きな値になっているのが読み取れる．

小領域 C はジュースの缶の表面の一部に相当する．缶には文字（ロゴ）が描かれている．対応する内部表現（式（7.8））を見ればわかるように，白っぽい文字の部分に相当する箇所で比較的画素値が大きくなっており（130 前後），他の暗い部分では画素値が小さくなっている（70 前後）．

小領域 D は人形や缶が置かれている床面の一部分をとらえている．床は模様のない一様な平面であり，明るさの変化はほとんどない．実際，対応する式（7.9）を見ればわかるように，領域 D 内ではすべての画素が 110 前後の同程度の明るさとなっている．

このように，ディジタル画像は 3 次元世界の構造を反映している．次節以降では，図 7.1 の画像を具体例として，画像から対象物体を構成する画素を抽出するための基礎事項（2 値化とエッジ検出）について順番に説明する．

7.2　2 値 化

本節では，画像から対象物体を構成する画素を抽出するための最も簡単かつ基本的な画像処理手法（**2 値化処理**）について説明する．

7.2.1　2 値化と 2 値画像

画像から対象を抽出するために最もよく用いられている方法は，対象と背景（抽出対象以外の領域）のコントラストの違いを利用して，適当なしきい値で画像を分割することである．いま，しきい値 t を定め，画像 $\mathcal{I}=(I_{i,j})$ の各画素にこの t を用いて0または1のどちらかを割り付け，その結果を $\mathcal{B}=(B_{i,j})$ で表すものとする．すなわち

$$B_{i,j}=\begin{cases}1 & I_{i,j}\geq t \text{ のとき}\\ 0 & I_{i,j}<t \text{ のとき}\end{cases} \tag{7.10}$$

である．この処理を**2値化**といい，得られた画像 $\mathcal{B}=(B_{i,j})$ を**2値画像**と呼ぶ．より一般的には，2値化処理は画像 $\mathcal{I}=(I_{i,j})$ の全画素を次のような2つのクラス $\mathcal{C}_{t-}$, $\mathcal{C}_{t+}$ に分離する処理であるといえる．

$$B_{i,j}=\begin{cases}1 & I_{i,j}\in \mathcal{C}_{t+} \text{ のとき}\\ 0 & I_{i,j}\in \mathcal{C}_{t-} \text{ のとき}\end{cases} \tag{7.11}$$

ここに，画像 $\mathcal{I}=(I_{i,j})$ の量子化レベルが q のとき

$$\mathcal{C}_{t-}=\{0,1,\cdots,t-1\} \tag{7.12}$$

$$\mathcal{C}_{t+}=\{t,t+1,\cdots,q-1\} \tag{7.13}$$

である．

ここで問題となるのは，しきい値 t の選択方法である．最も簡単な方法として，あらかじめ対象がうまく抽出できるように t をマニュアルで（試行錯誤的に）調整しておき，実際のシステム稼働時には，事前に選択しておいた t を固定して用いるやり方が考えられる．この方法は**固定しきい値法**と呼ばれる．固定しきい値法は，照明条件が変動しない整備された環境下では有効であり，実際の応用においても最もよく利用されている方法である．しかし，その一方で，t の初期設定時と照明条件が少しでも変動する場合には，それに応じて対象や背景の明るさが変化するため，対象がうまく抽出できなくなることがある．また，t の初期設定に時間と手間がかかるという問題もある．これらの問題に対処するために，しきい値 t を環境条件の変動に応じて自動的に選択するための手法（**適応型しきい値法**）がいくつか提案されている．次の項では，代表的な適応型しきい値法を取り上げ，2値化処理の実際に言及する．

7.2.2　2値化処理の実際

ここでは，最も代表的な適応型しきい値法として，クラスの分離の良さを測る評価関数を導入し，それを最大にすることによって2値化のための最適なし

きい値を定める方法について述べる．クラスの分離度を測る評価関数としては，次式で定義される分散比 λ を用いる方法が提案されている．

$$\lambda = \frac{{\sigma_B}^2}{{\sigma_W}^2} \tag{7.14}$$

ここに，${\sigma_B}^2$ は**クラス間分散**，${\sigma_W}^2$ は**クラス内分散**と呼ばれ，クラスの数が2個でそれらが式（7.12），（7.13）で示されるような場合には，それぞれ式（7.15），（7.16）で与えることができる．

$${\sigma_B}^2 = \frac{1}{n_{\mathrm{all}}}\left\{n_{t-}(m_{t-} - m_{\mathrm{all}})^2 + n_{t+}(m_{t+} - m_{\mathrm{all}})^2\right\} \tag{7.15}$$

$${\sigma_W}^2 = \frac{1}{n_{\mathrm{all}}}\left\{\sum_{x=0}^{t-1}(x - m_{t-})^2 n(x) + \sum_{x=t}^{q-1}(x - m_{t+})^2 n(x)\right\} \tag{7.16}$$

ここに，$n(x)$ は画素値が x である画素の数を示す．また，$n_{\mathrm{all}}, n_{t-}, n_{t+}$ はそれぞれ全画素の数，クラス C_{t-} に属する画素の数，クラス C_{t+} に属する画素の数であり，

$$n_{\mathrm{all}} = \sum_{x=0}^{q-1} n(x) \tag{7.17}$$

$$n_{t-} = \sum_{x=0}^{t-1} n(x) \tag{7.18}$$

$$n_{t+} = \sum_{x=t}^{q-1} n(x) \tag{7.19}$$

である．さらに，m_{all}，m_{t-}，m_{t+} はそれぞれ全画素の画素値の平均，クラス C_{t-} に属する画素の平均画素値，クラス C_{t+} に属する画素の平均画素値であり

$$m_{\mathrm{all}} = \frac{1}{n_{\mathrm{all}}}\sum_{x=0}^{q-1} x \cdot n(x) \tag{7.20}$$

$$m_{t-} = \frac{1}{n_{t-}}\sum_{x=0}^{t-1} x \cdot n(x) \tag{7.21}$$

$$m_{t+} = \frac{1}{n_{t+}}\sum_{x=t}^{q-1} x \cdot n(x) \tag{7.22}$$

である．

式（7.14）の定義からわかるように，分散比 λ は，クラス間分散すなわちクラス C_{t-} と C_{t+} の平均値間距離が大きく，かつ，各クラス内の分散（各クラスの平均値からのばらつき）が小さいほど，大きな値になる．式（7.14）の評価関数を利用した2値化のしきい値 t の選択法の基本的な手順を以下にまとめる．

- t の値を 0 から $q-1$ まで逐次変化させていき，各 t におけるクラス間分散 ${\sigma_B}^2$ およびクラス内分散 ${\sigma_W}^2$ をそれぞれ式（7.15）および式（7.16）で求め，それらを式（7.14）に代入することにより，各 t に対する分散比 λ を求める．
- 分散比 λ を最大にする t の値を 2 値化のためのしきい値として定める．

実際には，${\sigma_B}^2$ と ${\sigma_W}^2$ の間に恒等的に成り立つ関係を利用することにより，${\sigma_B}^2$ と ${\sigma_W}^2$ のどちらか一方のみの計算によって分散比 λ を求めることができる．さらに，式（7.17)～（7.19）の間，および式（7.20)～（7.22）の間に成立する関係を利用すれば，分散比 λ の計算はさらに簡単になる．これらについては演習問題 7.1 を参照されたい．

7.2.3 具 体 例

ここで一例として，図 7.1 の画像中の各小領域 A, B, C, D に 2 値化処理を施してみよう．

まず，7.2.2 項で示した適応型しきい値法により，各小領域ごとに 2 値化のためのしきい値 t を定める．7.1.3 項で述べたように，図 7.1 の画像の量子化レベルは $q = 256$ なので，t の定義域は $0 \leq t < 256$ となる．そこで，7.2.2 項で述べた手順（実際には演習問題 7.1 で示すより簡便な手法）に従って，各小領域ごとに，しきい値 t を 0 から 255 まで変化させたときの分散比 λ の推移を求めてみたところ，それぞれ図 7.2(a), (b), (c), (d)のようになった．図 7.2 のグラフは，横軸がしきい値 t，縦軸が分散比 λ である．これらのグラフより以下のことがわかる．

- すべての小領域において分散比の明確なピーク（最大値）がある．
- 分散比が最大となるしきい値 t は小領域ごとに異なる．
- 小領域 A と D は分散比が全体的に小さい（最大で 2 程度）．これらに比べると小領域 C の分散比は最大で 7 程度，小領域 B の分散比はさらに大きく最大で 13 程度となっている．

小領域 A と D の分散比が全体的に小さい理由は，これらの領域では領域全体

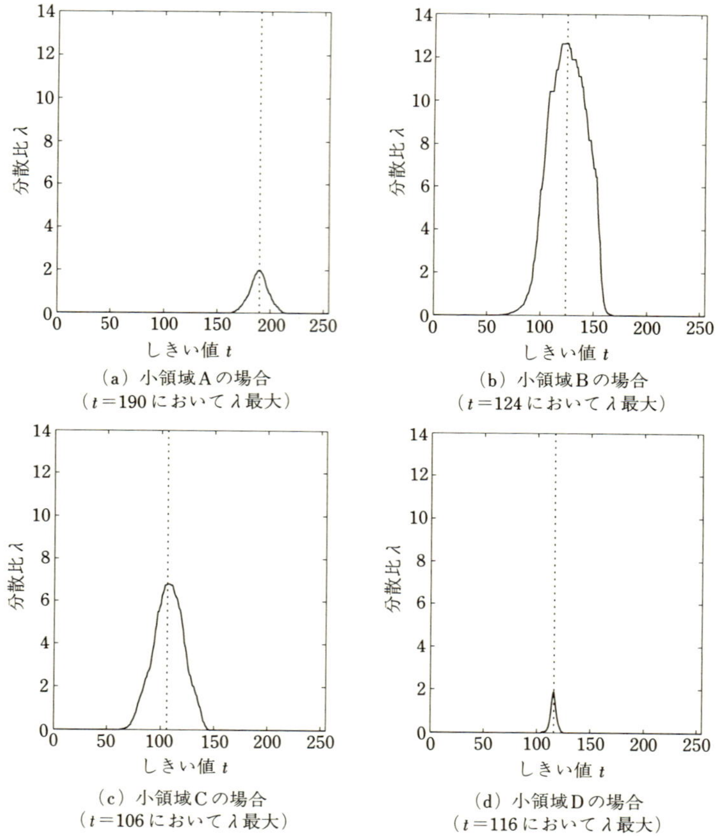

（a）小領域Aの場合
（t＝190 において λ 最大）

（b）小領域Bの場合
（t＝124 において λ 最大）

（c）小領域Cの場合
（t＝106 において λ 最大）

（d）小領域Dの場合
（t＝116 において λ 最大）

図 7.2 しきい値 t と分散比 λ の関係

にわたって明るさの変化がほとんどないため（図 7.1 および式（7.6），(7.9）参照），クラス間分散 $\sigma_B{}^2$ が大きな値をとるような t がないためである．一方，小領域 B は人形の足（暗い部分）とその背景（明るい部分）という 2 つのクラスから成っており（図 7.1，式（7.7）），小領域 C は缶の文字の部分（明るい部分）とそれ以外の部分（暗い部分）から構成されている（図 7.1，式（7.8））．すなわち，これらの領域では明確な 2 つのクラスが存在するため，2 つのクラスをうまく分離するしきい値 t を選んだとき，分散比 λ が比較的大きな値になるというわけである．

次に，各小領域ごとに分散比λを最大にするtを2値化のためのしきい値として定め，式（7.6),(7.7),(7.8),(7.9）に対して式（7.10）の処理により2値画像を作成した結果を，それぞれ式（7.23),(7.24),(7.25),(7.26）に示す．

$$\mathcal{B}^{(A)} = \begin{pmatrix}
1&0&1&1&1&1&1&1&1&1&1&1&1&1&1&1&1&1&1&1\\
1&0&0&1&1&1&1&1&1&1&1&1&1&1&1&1&1&1&1&1\\
1&1&0&0&1&1&1&1&1&0&1&1&1&1&1&1&1&1&1&1\\
1&1&0&0&0&1&1&0&0&0&0&0&1&1&1&1&1&1&1&1\\
0&0&0&0&0&1&1&0&0&0&0&0&0&0&1&1&1&1&1&1\\
0&0&0&0&1&0&0&0&1&1&1&0&0&0&0&1&1&1&1&1\\
0&0&0&0&0&0&0&0&1&1&1&0&0&0&0&0&0&1&1&1\\
0&0&0&0&0&0&1&1&1&1&1&1&1&0&0&0&0&0&1&1\\
0&0&1&1&1&1&1&1&1&1&1&1&1&0&1&0&0&0&0&1\\
1&1&1&1&1&1&1&1&1&1&1&1&1&1&1&1&0&0&0&0\\
1&1&1&1&1&1&1&0&1&1&1&1&1&1&1&1&0&0&0&0\\
1&1&1&1&1&1&1&0&1&0&0&0&0&0&0&1&1&1&0&0\\
1&1&1&1&1&1&0&0&0&0&0&0&0&0&0&0&0&1&0&0\\
0&1&1&1&0&0&0&0&0&0&0&0&0&0&0&0&0&1&0&0\\
0&0&0&0&0&0&0&0&0&0&0&0&0&0&0&0&0&0&0&0\\
0&0&0&0&0&0&0&0&0&0&0&0&0&0&0&0&0&0&0&0\\
0&0&0&0&0&0&0&0&0&0&0&1&0&0&0&0&0&0&0&0\\
0&0&0&0&0&0&0&0&0&0&0&0&0&0&0&0&0&0&0&0\\
0&0&0&0&0&0&0&0&0&0&0&0&0&0&0&0&0&0&0&0\\
0&0&0&0&0&0&0&0&0&0&0&0&0&0&0&0&0&0&0&0
\end{pmatrix} \tag{7.23}$$

$$\mathcal{B}^{(B)} = \begin{pmatrix}
0&0&0&0&0&0&0&0&0&0&1&1&1&1&1&1&1&1&1&1\\
0&0&0&0&0&0&0&0&0&0&1&1&1&1&1&1&1&1&1&1\\
0&0&0&0&0&0&0&0&0&0&1&1&1&1&1&1&1&1&1&1\\
0&0&0&0&0&0&0&0&0&0&1&1&1&1&1&1&1&1&1&1\\
0&0&0&0&0&0&0&0&0&0&0&1&1&1&1&1&1&1&1&1\\
0&0&0&0&0&0&0&0&0&0&0&1&1&1&1&1&1&1&1&1\\
0&0&0&0&0&0&0&0&0&0&0&1&1&1&1&1&1&1&1&1\\
0&0&0&0&0&0&0&0&0&0&0&1&1&1&1&1&1&1&1&1\\
0&0&0&0&0&0&0&0&0&0&0&1&1&1&1&1&1&1&1&1\\
0&0&0&0&0&0&0&0&0&0&0&1&1&1&1&1&1&1&1&1\\
0&0&0&0&0&0&0&0&0&0&0&0&1&1&1&1&1&1&1&1\\
0&0&0&0&0&0&0&0&0&0&0&0&1&1&1&1&1&1&1&1\\
0&0&0&0&0&0&0&0&0&0&0&0&1&1&1&1&1&1&1&1\\
0&0&0&0&0&0&0&0&0&0&0&0&1&1&1&1&1&1&1&1\\
0&0&0&0&0&0&0&0&0&0&0&0&1&1&1&1&1&1&1&1\\
0&0&0&0&0&0&0&0&0&0&0&0&1&1&1&1&1&1&1&1\\
0&0&0&0&0&0&0&0&0&0&0&0&1&1&1&1&1&1&1&1\\
0&0&0&0&0&0&0&0&0&0&0&0&1&1&1&1&1&1&1&1\\
0&0&0&0&0&0&0&0&0&0&0&0&1&1&1&1&1&1&1&1\\
0&0&0&0&0&0&0&0&0&0&0&1&1&1&1&1&1&1&1&1
\end{pmatrix} \tag{7.24}$$

$$\mathcal{B}^{(C)} = \left(\begin{array}{cccccccccccccccccccc}
1&1&1&1&1&1&1&1&0&0&0&1&1&1&1&1&0&0&0&0\\
1&1&1&1&1&1&1&1&0&0&0&1&1&1&1&1&1&0&0&0\\
1&1&1&1&1&1&1&0&0&0&0&1&1&1&1&1&1&0&0&0\\
1&1&1&1&1&1&0&0&0&0&0&0&1&1&1&1&1&0&0&0\\
0&0&0&0&0&0&0&0&0&0&0&0&1&1&1&1&1&1&0&0\\
0&0&0&0&0&0&0&0&0&0&0&0&1&1&1&1&1&1&0&0\\
0&0&0&0&0&0&0&0&0&0&0&0&0&1&1&1&1&1&0&0\\
0&0&0&0&0&0&0&0&1&0&0&0&0&1&1&1&1&1&0&0\\
0&0&0&0&0&0&0&1&0&0&0&0&0&1&1&1&1&1&1&0\\
0&0&0&0&0&0&1&1&0&0&0&0&0&1&1&1&1&1&1&0\\
0&0&0&0&0&1&1&1&0&0&0&0&0&1&1&1&1&1&1&0\\
0&0&0&0&1&1&1&1&0&0&0&0&0&1&1&1&1&1&1&0\\
0&0&0&0&1&1&1&1&0&0&0&0&0&1&1&1&1&1&1&0\\
0&0&0&1&1&1&1&1&0&0&0&0&0&1&1&1&1&1&1&1\\
0&0&0&1&1&1&1&1&0&0&0&0&0&0&1&1&1&1&1&1\\
0&0&0&1&1&1&1&1&0&0&0&0&0&0&1&1&1&1&1&1\\
0&0&1&1&1&1&1&1&0&0&0&0&0&0&1&1&1&1&1&1\\
0&0&1&1&1&1&1&1&0&0&0&0&0&0&1&1&1&1&1&1\\
0&1&1&1&1&1&1&1&0&0&0&0&0&0&1&1&1&1&1&1\\
0&1&1&1&1&1&1&1&0&0&0&0&0&0&1&1&1&1&1&1
\end{array}\right) \tag{7.25}$$

$$\mathcal{B}^{(D)} = \left(\begin{array}{cccccccccccccccccccc}
0&0&1&0&0&0&0&1&1&1&1&1&1&1&1&1&1&1&1&1\\
1&0&0&0&1&1&1&1&1&1&1&1&1&1&1&0&1&1&1&0\\
1&1&0&1&1&1&1&1&1&1&1&1&1&0&1&0&1&1&1&1\\
0&0&1&0&1&1&1&1&1&1&0&0&0&1&0&0&1&1&1&1\\
0&1&1&0&1&0&0&1&0&0&0&0&1&1&1&1&1&1&1&1\\
0&0&0&0&1&0&1&0&0&0&0&1&0&0&1&0&1&1&1&1\\
0&0&0&0&0&0&0&0&0&1&1&1&1&0&1&1&1&1&1&1\\
0&0&1&1&0&0&0&0&0&0&0&1&1&0&1&1&1&1&1&1\\
0&0&0&0&0&0&0&0&0&1&0&1&1&0&1&0&0&0&1&1\\
0&0&0&0&0&0&0&0&0&0&0&0&1&1&1&0&0&1&1&1\\
0&0&0&1&1&0&1&1&0&0&0&0&0&0&0&1&1&1&1&1\\
0&0&0&0&1&0&0&1&0&0&0&0&0&0&0&1&0&0&1&1\\
0&0&0&0&0&0&0&1&0&1&1&1&1&0&0&0&1&1&1&0\\
0&0&0&0&0&0&0&0&0&0&0&1&1&0&1&1&1&1&1&1\\
0&0&1&0&1&1&1&1&0&0&1&1&1&1&1&1&1&1&1&1\\
0&0&0&0&1&0&0&0&0&1&0&0&1&0&1&0&1&1&0&0\\
0&0&0&0&1&0&0&0&0&1&0&1&1&1&1&1&1&0&0&1\\
0&0&0&0&1&0&0&0&0&1&0&0&0&0&1&0&0&1&1&1\\
0&1&1&0&1&1&1&1&0&1&0&0&1&1&1&1&1&1&1&1\\
0&0&0&0&0&0&1&1&0&1&0&0&1&1&1&0&0&1&1&1
\end{array}\right) \tag{7.26}$$

式（7.23)(小領域 A の 2 値画像）では，人形のひげの模様にそって“0”と“1”の領域に分割されているのが読み取れる．

式（7.24)(小領域 B の 2 値画像）では，人形の足の部分が“0”，背景部分が“1”としてうまく分割されているのがわかる．

式（7.25)(小領域 C の 2 値画像）では，缶の文字の部分が“1”，それ以外が

"0" としてうまく分割されている．

一方，式（7.26）(小領域 D の 2 値画像）では，"0" と "1" がランダムに出現しており，分割結果としてはあまり意味をなさない．これは，もともと小領域 D が明るさの変化のない一様な床平面に対応しており，微妙に現れる明るさの変化はノイズに起因するものだからである．

7.3 エッジ検出

人間は，自らの眼を通して 3 次元世界を見たとき，物体までの距離や物体表面の方向の不連続性，あるいは表面の反射率の不連続性などのために，(実際にそこに線がなくても）線があると感じる．このような場所を**エッジ**と呼ぶ．たとえば，物体の輪郭線や影の境界線，面と面の交線などには，エッジがあると感じるであろう．エッジは，画像中では明るさ（画素値）が急変する場所として現れる．エッジとなる画素を画像から自動的に抽出する処理を**エッジ検出処理**という．エッジ検出処理は対象物体の認識や対象の位置姿勢の推定のための前処理としてきわめて有効であり，2 値化処理と同様，最も基本的な画像処理手法の 1 つとして位置づけられている．本節では，エッジ検出法の原理と実際について具体例を挙げながら解説する．

7.3.1 エッジ検出の原理

まず，簡単のため 1 次元の場合で考えよう．いま，画像 $\mathcal{I} = (I_{i,j})$ の第 j^* 列からつくった列ベクトルを考え，横軸に行番号 i を，縦軸に画素値をとり，各 i に対応する画素値 I_{i,j^*} をプロットし，それらを滑らかにつなぐことによって図 7.3(a)のような曲線が得られたとしよう．図 7.3(b)および(c)は，同図(a)に 1 次微分および 2 次微分処理を施した結果を図示したものである．これらの図からわかるように，エッジ点の位置は，

- 1 次微分の大きさが極大となる点を検出する
- 2 次微分のゼロ交差点（値が正から負または負から正に変化する点）を検出する

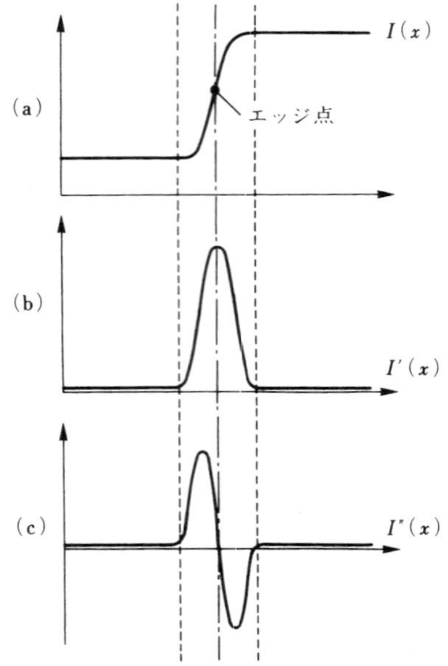

図 7.3　エッジ検出の原理

ことによって求めることができる．実際には，画像は2次元，すなわち，2変数1価関数 $I(x, y)$ として表現されるので，次のような演算を行う必要がある．

まず，関数 $I(x, y)$ の1次微分（**グラディエント**）$\boldsymbol{G}(x, y)$ はベクトルとなり

$$\boldsymbol{G}(x, y) = \frac{\partial I(x, y)}{\partial x}\boldsymbol{i} + \frac{\partial I(x, y)}{\partial y}\boldsymbol{j} \tag{7.27}$$

で与えられる．ただし，$\boldsymbol{i}$ および $\boldsymbol{j}$ はそれぞれ x 方向および y 方向の単位ベクトルである．したがって，その大きさ $|\boldsymbol{G}|$ と方向角 θ は

$$|\boldsymbol{G}| = \sqrt{\left(\frac{\partial I(x, y)}{\partial x}\right)^2 + \left(\frac{\partial I(x, y)}{\partial y}\right)^2} \tag{7.28}$$

$$\theta = \mathrm{atan2}\left(\frac{\partial I(x, y)}{\partial y}, \frac{\partial I(x, y)}{\partial x}\right) \tag{7.29}$$

で与えられる．ただし，上式において，$\mathrm{atan2}\,(y, x)$ は，2次元座標 (x, y) が x 軸となす角度を $-\pi \sim \pi$(rad) で返す関数を意味する．

一方，関数 $I(x, y)$ の2次微分（**ラプラシアン**）$L(x, y)$ はスカラーであり

$$L(x,y)=\frac{\partial^2 I(x,y)}{\partial x^2}+\frac{\partial^2 I(x,y)}{\partial y^2} \tag{7.30}$$

で与えられる．

ここで問題となるのは，式（7.27），（7.28），（7.29）における導関数 $\partial I(x,y)/\partial x$，$\partial I(x,y)/\partial y$ や式（7.30）における導関数 $\partial^2 I(x,y)/\partial x^2$，$\partial^2 I(x,y)/\partial y^2$ の計算方法である．これについて次の項で説明する．

7.3.2 エッジ検出の実際

前項で述べた「画像の微分操作」によりエッジ点を検出するには，実際問題として，次の 2 つの点に留意しなければならない．

- **微分操作の近似法**
  コンピュータが実際に扱うのは連続関数ではなく離散的な数値の列であるディジタル画像なので，微分は差分で近似しなければならない．したがって，差分による近似誤差をいかに小さく抑えるかがポイントとなる．
- **ノイズへの対処法**
  画像にはノイズ（高周波成分）が含まれている．一方，微分操作は，原理的に，高周波成分を強調する操作である．したがって，いかにノイズを抑えてエッジ点だけを検出するかがポイントとなる．

以下では，x 方向の 1 次微分 $\partial I(x,y)/\partial x$ を例に挙げ，上記問題に対処する方法について説明する．

（ステップ 1）**微分を差分で近似する**

いま画像関数 $I(x,y)$ を対象とし，$I(x,y)$ が必要な階数までの連続な導関数をもつものと仮定する．このとき $I(x,y)$ の x 方向への 1 次微分 $\partial I(x,y)/\partial x$ の差分近似を求めることを考えよう．$I(x,y)$ をテイラー展開すると，次のようになる．

$$\begin{aligned}I(x+u,y+v)=&I(x,y)+\left(u\frac{\partial}{\partial x}+v\frac{\partial}{\partial y}\right)I(x,y)\\&+\frac{1}{2!}\left(u\frac{\partial}{\partial x}+v\frac{\partial}{\partial y}\right)^2 I(x,y)+\frac{1}{3!}\left(u\frac{\partial}{\partial x}+v\frac{\partial}{\partial y}\right)^3 I(x,y)\end{aligned}$$

$$+\frac{1}{4!}\left(u\frac{\partial}{\partial x}+v\frac{\partial}{\partial y}\right)^4 I(x, y)+\cdots \tag{7.31}$$

上式において，$u=\varepsilon(0<\varepsilon\ll 1)$，$v=0$ とすることにより直ちに次式が得られる．

$$\frac{\partial I(x, y)}{\partial x}=\frac{I(x+\varepsilon, y)-I(x, y)}{\varepsilon}+\mathcal{O}(\varepsilon) \tag{7.32}$$

ただし，ε は 7.1.2 項において示した標本化間隔に相当する．また，$\mathcal{O}(\varepsilon)$ は，その大きさが ε の大きさと同じオーダーである項を示している．また，式（7.31）において，$u=-\varepsilon, v=0$ とすると

$$\frac{\partial I(x, y)}{\partial x}=\frac{I(x, y)-I(x-\varepsilon, y)}{\varepsilon}+\mathcal{O}(\varepsilon) \tag{7.33}$$

となる．式（7.32）は**前進差分**，式（7.33）は**後退差分**と呼ばれる．一方，次のような近似も考えられる．

$$\frac{\partial I(x, y)}{\partial x}=\frac{I(x+\varepsilon, y)-I(x-\varepsilon, y)}{2\varepsilon}+\mathcal{O}(\varepsilon^2) \tag{7.34}$$

上式の関係は，右辺の各項に式（7.31）を代入することによって容易に確かめることができる．式（7.34）では，導関数 $\partial I(x, y)/\partial x$ が (x, y) を中心としてその前後の点の関数値によって与えられていることから，**中心差分**と呼ばれる．中心差分では，前進差分，後退差分と比べると，誤差の次数が $\mathcal{O}(\varepsilon)$ から $\mathcal{O}(\varepsilon^2)$ に上がっている．すなわち，中心差分の方が近似誤差がより小さいといえる．

そこで，ここでは中心差分で微分を近似することを考えよう．この場合，x 方向の 1 次微分を行う操作を G_x とすると，式（7.34）と（7.5）の関係より

$$G_x : I_{i,j} \rightarrow I'_{i,j} \tag{7.35}$$

ここに

$$I'_{i,j}=\frac{1}{2\varepsilon}(I_{i+1,j}-I_{i-1,j}) \tag{7.36}$$

である．

（ステップ 2） **平滑化の導入によりノイズを抑制する**

ノイズを抑制する最も一般的な方法は，**平滑化**（近傍重み付平均処理）である．平滑化は，画素 $I_{i,j}$ を次の値で置き換える操作 S である．

$$S : I_{i,j} \rightarrow \bar{I}_{i,j} \tag{7.37}$$

ここに

$$\bar{I}_{i,j} = \frac{\sum_{(m,n)\in R_{i,j}} (w_{m,n} I_{m,n})}{\sum_{(m,n)\in R_{i,j}} w_{m,n}}$$

ここに，$\boldsymbol{R}_{i,j}$ は，画素 (i, j) とその近傍画素の集合，$w_{m,n}$ は画素 $I_{m,n}$ に対する重み（一般に非負）である．たとえば，$\boldsymbol{R}_{i,j} = \{(m, n) | m, n$ は整数, $|m-i| \leq 1$ and $|n-j| \leq 1\}$, $w_{m,n} = 1 (\forall (m, n) \in \boldsymbol{R}_{i,j})$ のとき，$\bar{I}_{i,j} = (I_{i-1,j-1} + I_{i-1,j} + I_{i-1,j+1} + I_{i,j-1} + I_{i,j} + I_{i,j+1} + I_{i+1,j-1} + I_{i+1,j} + I_{i+1,j+1})/9$ である．このような平滑化処理によりノイズが抑制されることを数学的に示すことができる（演習問題 7.2）．平滑化処理を行う場合，以下の点に留意する必要がある．

- 平滑化処理後に得られる $\bar{I}_{i,j}$ は与えれられた近傍領域内での画素値の（重み付き）平均値であるから，一般には，真の (i, j) 成分とは異なったものとなる．とくに，近傍領域内で画素値が大きく変化する場合には，中間的な画素値が発生し,「画像がぼける」という現象が生じる．
- 近傍領域を大きく定めればノイズを抑制する効果は大きくなる（演習問題 7.2）が，その分，画像が大きくぼけることになる．
- 平滑化処理時に各画素にかける重みは，着目画素（中心点）の位置 (i, j) において最も大きく，中心点から離れるほど小さくするのが合理的である．

以上より，画像をなるべくぼかさないようにしてノイズを抑制するためには，近傍領域を小さ目にとり，なおかつ，近傍領域内に画素値が急変する領域を含まないようにすればいいことがわかる*)．

さて，いま例として考えているのは，x 方向の 1 次微分を計算する問題であるから,「x 方向の変動をなるべくぼかさずにノイズだけを抑えたい」ということになる．そこで，たとえば，次のような平滑化を行うことを考える．

$$S_x : I_{i,j} \rightarrow \bar{I}_{i,j} \tag{7.38}$$

ここに

*) これとは逆に，画像を大きくぼかすことによりノイズとともに物体の細かな特徴も一掃し，物体の大まかな概略だけを抽出しようとする試みもある．これに関しては，たとえば文献 5) を参照されたい．

$$\bar{I}_{i,j} = \frac{1}{4}(I_{i,j-1} + 2I_{i,j} + I_{i,j+1}) \tag{7.39}$$

式（7.39）では，y 方向の前後の3点の画素値だけを利用してノイズを抑制しようとしている．また，中心点の重みを他の2画素の2倍としていることもポイントである．

（ステップ3）**差分と平滑化を組み合わせて微分オペレータをつくる**

以上ですべての準備が整ったので，ここで x 方向の1次微分 $\partial I(x, y)/\partial x$ の計算を実現するオペレータの一例を作成してみよう．基本的には，式（7.35）と（7.38）の操作を組み合わせればよい．すなわち，まず画像 $\mathcal{I} = (I_{i,j})$ の各画素に操作 S_x を施して平滑化を行いノイズを抑制したのち，操作 G_x を施すことにより，x 方向の1次微分を求める．具体的には

$$G_x \circ S_x : I_{i,j} \rightarrow \bar{I}'_{i,j} \tag{7.40}$$

ここに

$$\bar{I}'_{i,j} = \frac{1}{2\varepsilon}(\bar{I}_{i+1,j} - \bar{I}_{i-1,j}) \tag{7.41}$$

$$\bar{I}_{i,j} = \frac{1}{4}(I_{i,j-1} + 2I_{i,j} + I_{i,j+1}) \tag{7.42}$$

である．さらに整理すると，式（7.41），（7.42）より

$$\begin{aligned}\bar{I}'_{i,j} &= \frac{1}{2\varepsilon}\left\{\frac{1}{4}(I_{i+1,j-1} + 2I_{i+1,j} + I_{i+1,j+1}) - \frac{1}{4}(I_{i-1,j-1} + 2I_{i-1,j} + I_{i-1,j+1})\right\} \\ &= \frac{1}{8\varepsilon}(I_{i+1,j-1} + 2I_{i+1,j} + I_{i+1,j+1} - I_{i-1,j-1} - 2I_{i-1,j} - I_{i-1,j+1}) \end{aligned} \tag{7.43}$$

となる．

通常，この種の演算（**積和演算**または**畳み込み演算**という）は図7.4のような**マスク**により表現される．図7.4は，同図(a)の画像の画素 $I_{i,j}$ に対して同図(b)のマスクを作用させると，同図(c)に示したような結果が得られることを示している．実際にはこの演算はすべての画素に対して行われる．すなわち，計算したい画素とマスクの中心（c_5 の位置）を重ね，対応する画素とマスクの重み $c_0 \cdot c_i$ との積をとり，最後にそれらの出力の和をとれば，マスクの中心点と重なっている画素の出力値が計算できる．この例にならって，式（7.43）の演算

$$
\mathcal{I}=\begin{pmatrix}
\ddots & & & & \\
\cdots & I_{i-1,\,j-1} & I_{i-1,\,j} & I_{i-1,\,j+1} & \cdots \\
\cdots & I_{i,\,j-1} & I_{i,\,j} & I_{i,\,j+1} & \cdots \\
\cdots & I_{i+1,\,j-1} & I_{i+1,\,j} & I_{i+1,\,j+1} & \cdots \\
\cdots & & & & \ddots
\end{pmatrix}
$$

(a) 画像 $\mathcal{I}=(I_{i,j})$

$$
c_0 \quad \begin{array}{|c|c|c|}\hline c_1 & c_2 & c_3 \\ \hline c_4 & c_5 & c_6 \\ \hline c_7 & c_8 & c_9 \\ \hline \end{array}
$$

(b) 3×3 のオペレータ
(マスクによる表現)

$$
\mathcal{I}^{(\mathrm{out})}=\begin{pmatrix}
\ddots & & & & \\
\cdots & \ddots & & & \cdots \\
\cdots & & I^{(\mathrm{out})}_{i,j} & & \cdots \\
\cdots & & & \ddots & \cdots \\
\cdots & & & & \ddots
\end{pmatrix}
$$

(c) 処理後の画像 $\mathcal{I}^{(\mathrm{out})}=(I^{(\mathrm{out})}_{i,j})$

$$
\begin{aligned}
I^{(\mathrm{out})}_{i,j}=c_0\,(&c_1 I_{i-1,\,j-1}+c_2 I_{i-1,\,j}+c_3 I_{i-1,\,j+1}+c_4 I_{i,\,j-1}+c_5 I_{i,\,j} \\
&+c_6 I_{i,\,j+1}+c_7 I_{i+1,\,j-1}+c_8 I_{i+1,\,j}+c_9 I_{i+1,\,j+1})
\end{aligned}
$$

図 7.4 積 和 演 算

をマスクにより表現すると，図 7.5(a)のようになる．ここまでは x 方向の 1 次微分についてのみ考えたが，y 方向の 1 次微分 $\partial I(x,y)/\partial y$ を実現する演算子（オペレータ）もまったく同様の方法で作成することができる（演習問題 7.3(1)）．これを図 7.5(b)に示した．図 7.5 のオペレータは，**Sobel のオペレータ**と呼ばれ，一般的な 1 次微分オペレータとして広く用いられている．この他にも，微分の近似法と平滑化手法の組合せでさまざまな微分オペレータを作成することができる（演習問題 7.3(3)）．たとえば，式（7.39）の代わりに

$$
\bar{I}_{i,j}=\frac{1}{3}(I_{i,j-1}+I_{i,j}+I_{i,j+1}) \tag{7.44}
$$

のような平滑化操作 S'_x を導入し，式（7.36）の中心差分による微分操作 G_x と組合せると，次のような x 方向の 1 次微分オペレータができ上がる（演習問題 7.3(2)）．

$G_x \circ S'_x$：

$$I_{i,j} \to \frac{1}{6\varepsilon}(I_{i+1,j-1}+I_{i+1,j}+I_{i+1,j+1}-I_{i-1,j-1}-I_{i-1,j}-I_{i-1,j+1}) \qquad (7.45)$$

式（7.44）の平滑化では，式（7.39）と同様，y 方向の前後の3点の画素値を利用してノイズの抑制を図っているが，中心点の重みを他の2画素と同じとしている点が式（7.39）との違いである．図7.5(a)と同様に式（7.45）の演算をマスク表現すると，図7.6(a)のようになる．同様の方法で y 方向の1次微分オペレータを作成すると図7.6(b)のようになる（演習問題7.3(2)）．図7.6のオペレータは **Prewitt のオペレータ**と呼ばれ，Sobel のオペレータと同じく広く利用されている1次微分オペレータの1つである．

2次微分の場合も，同様の手順でオペレータを作成することができる．よく使用されている2次微分オペレータの一例を図7.7に示す．これらはいずれも式（7.30）のラプラシアンの計算を実現するものであり，**ラプラシアンオペレータ**と呼ばれている．これらのオペレータの導出は演習問題として読者に委ねる（演

$\frac{1}{8\varepsilon}$

−1	−2	−1
0	0	0
1	2	1

（a）x 方向の Sobel オペレータ

$\frac{1}{8\varepsilon}$

−1	0	1
−2	0	2
−1	0	1

（b）y 方向の Sobel オペレータ

図 7.5　1次微分オペレータの例（Sobel オペレータ）

$\frac{1}{6\varepsilon}$

−1	−1	−1
0	0	0
1	1	1

（a）x 方向の Prewitt オペレータ

$\frac{1}{6\varepsilon}$

−1	0	1
−1	0	1
−1	0	1

（b）y 方向の Prewitt オペレータ

図 7.6　1次微分オペレータの例（Prewitt オペレータ）

$\frac{1}{\varepsilon^2}$

0	1	0
1	−4	1
0	1	0

（a）

$\frac{1}{2\varepsilon^2}$

1	0	1
0	−4	0
1	0	1

（b）

$\frac{1}{3\varepsilon^2}$

1	1	1
1	−8	1
1	1	1

（c）

図 7.7　2次微分オペレータの例（ラプラシアンオペレータ）

習問題 7.4).

7.3.3 具　体　例

ここで一例として，Sobel オペレータにより，図 7.1 の画像中の小領域 B 内のエッジを検出してみよう．すでに示したように小領域 B の実体は 20 行 20 列の行列 $\mathcal{I}^{(B)}$ である．

$$\mathcal{I}^{(B)}=\left(\begin{array}{cccccccccccccccccccc}
69 & 72 & 76 & 81 & 84 & 85 & 87 & 92 & 96 & 118 & 143 & 157 & 160 & 156 & 156 & 160 & 164 & 158 & 161 & 161 \\
71 & 68 & 72 & 81 & 88 & 91 & 90 & 92 & 94 & 107 & 137 & 163 & 169 & 169 & 163 & 160 & 167 & 158 & 162 & 163 \\
66 & 65 & 75 & 82 & 89 & 94 & 92 & 98 & 96 & 97 & 127 & 154 & 159 & 159 & 156 & 157 & 165 & 157 & 161 & 162 \\
73 & 76 & 87 & 86 & 85 & 85 & 88 & 95 & 99 & 103 & 127 & 153 & 163 & 161 & 160 & 162 & 164 & 159 & 160 & 159 \\
71 & 77 & 85 & 86 & 85 & 89 & 92 & 90 & 90 & 95 & 117 & 148 & 161 & 163 & 158 & 159 & 168 & 159 & 161 & 160 \\
69 & 79 & 86 & 84 & 85 & 88 & 84 & 82 & 87 & 97 & 115 & 139 & 155 & 156 & 155 & 158 & 166 & 160 & 161 & 160 \\
66 & 75 & 79 & 85 & 90 & 90 & 88 & 91 & 92 & 92 & 104 & 132 & 156 & 165 & 158 & 158 & 165 & 158 & 161 & 160 \\
77 & 79 & 83 & 87 & 89 & 86 & 83 & 87 & 93 & 94 & 104 & 134 & 159 & 163 & 160 & 159 & 167 & 160 & 160 & 160 \\
77 & 85 & 89 & 93 & 97 & 92 & 86 & 93 & 94 & 93 & 101 & 125 & 153 & 156 & 157 & 160 & 167 & 159 & 161 & 162 \\
73 & 78 & 80 & 90 & 97 & 90 & 78 & 89 & 89 & 86 & 99 & 125 & 159 & 166 & 162 & 161 & 167 & 160 & 162 & 163 \\
72 & 76 & 75 & 83 & 95 & 98 & 93 & 93 & 87 & 81 & 85 & 113 & 149 & 158 & 158 & 159 & 167 & 160 & 160 & 159 \\
73 & 72 & 82 & 87 & 87 & 91 & 97 & 93 & 87 & 82 & 82 & 105 & 142 & 154 & 156 & 157 & 164 & 158 & 162 & 162 \\
77 & 72 & 79 & 85 & 87 & 89 & 93 & 96 & 93 & 84 & 84 & 106 & 147 & 160 & 159 & 159 & 166 & 159 & 161 & 161 \\
85 & 80 & 82 & 86 & 90 & 95 & 99 & 103 & 97 & 92 & 93 & 106 & 140 & 153 & 156 & 158 & 168 & 160 & 164 & 163 \\
85 & 87 & 86 & 81 & 87 & 95 & 96 & 99 & 95 & 88 & 88 & 112 & 144 & 153 & 157 & 158 & 165 & 161 & 161 & 160 \\
76 & 80 & 78 & 82 & 93 & 102 & 105 & 104 & 99 & 93 & 93 & 116 & 154 & 162 & 158 & 157 & 165 & 158 & 160 & 161 \\
78 & 75 & 77 & 85 & 93 & 99 & 101 & 102 & 93 & 90 & 96 & 117 & 153 & 155 & 156 & 159 & 163 & 159 & 160 & 162 \\
66 & 68 & 70 & 73 & 79 & 86 & 87 & 91 & 89 & 84 & 91 & 112 & 151 & 159 & 157 & 159 & 163 & 160 & 162 & 161 \\
60 & 64 & 75 & 79 & 81 & 84 & 86 & 90 & 80 & 78 & 91 & 122 & 159 & 160 & 157 & 158 & 163 & 160 & 159 & 158 \\
62 & 62 & 71 & 75 & 78 & 82 & 91 & 95 & 82 & 78 & 97 & 127 & 154 & 157 & 156 & 157 & 159 & 156 & 157 & 155
\end{array}\right)$$

まず，x 方向の 1 次微分 $\partial I(x,y)/\partial x$ を計算するために，上式に x 方向の Sobel オペレータ（図 7.5(a)）を施す．図 7.4 にならって，たとえば，行列 $\mathcal{I}^{(B)}$ の第 2 行第 2 列の画素 $I_{2,2}$（画素値は 68 である）に対して x 方向の 1 次微分値を計算すると，

$$\begin{aligned}
S^x_{2,2} &= \frac{1}{8\varepsilon}((-1)\times 69+(-2)\times 72+(-1)\times 76+0\times 71+0\times 68 \\
&\qquad +0\times 72+1\times 66+2\times 65+1\times 75) \\
&= \frac{1}{8\varepsilon}(-18)
\end{aligned}$$

となる．ここに，$S^x_{i,j}$ は，Sobel オペレータによる画素 $I_{i,j}$ の x 方向 1 次微分値を示すものとした．同様の計算を $\mathcal{I}^{(B)}$ のすべての要素に対して行い，得られる

結果を1つの行列 $\mathcal{S}^x = (S^x_{i,j})$ としてまとめると，次式のようになる．

$$
\mathcal{S}^x = \frac{1}{8\varepsilon}\begin{pmatrix}
* & * & * & * & * & * & * & * & * & * & * & * & * & * & * & * & * & * & * & * \\
* & -18 & -8 & 6 & 20 & 28 & 25 & 17 & -15 & -58 & -56 & -23 & -2 & 5 & 0 & -5 & -2 & -1 & 0 & * \\
* & 33 & 43 & 22 & -7 & -17 & -7 & 9 & 9 & -13 & -34 & -36 & -30 & -25 & -12 & -2 & -3 & -3 & -7 & * \\
* & 39 & 36 & 14 & -9 & -14 & -13 & -22 & -22 & -20 & -28 & -20 & 2 & 12 & 10 & 9 & 10 & 7 & 0 & * \\
* & 1 & -1 & -5 & 1 & 2 & -18 & -42 & -43 & -36 & -44 & -48 & -35 & -23 & -19 & -11 & 1 & 5 & 4 & * \\
* & -15 & -15 & -3 & 10 & 3 & -6 & 0 & 2 & -17 & -45 & -50 & -24 & -1 & 1 & -5 & -8 & -5 & -1 & * \\
* & 5 & -3 & 7 & 9 & -1 & 1 & 15 & 14 & -11 & -30 & -17 & 10 & 23 & 18 & 8 & 3 & 0 & -2 & * \\
* & 41 & 38 & 33 & 24 & 9 & 0 & 4 & 7 & 1 & -12 & -20 & -22 & -22 & -9 & 5 & 7 & 4 & 3 & * \\
* & -9 & -4 & 11 & 23 & 11 & -4 & -5 & -14 & -25 & -27 & -23 & -6 & 8 & 9 & 6 & 2 & 2 & 7 & * \\
* & -37 & -47 & -36 & -8 & 17 & 20 & 0 & -26 & -47 & -56 & -44 & -18 & 1 & 3 & -1 & 0 & 1 & -4 & * \\
* & -10 & -5 & -14 & -22 & 11 & 43 & 25 & -4 & -27 & -58 & -74 & -66 & -47 & -28 & -17 & -12 & -7 & -3 & * \\
* & 1 & 6 & 0 & -23 & -26 & -6 & 12 & 18 & 11 & -6 & -17 & -9 & 3 & 4 & 0 & -3 & -2 & 3 & * \\
* & 28 & 7 & 1 & 9 & 13 & 18 & 32 & 40 & 41 & 33 & 11 & -4 & -4 & 0 & 6 & 11 & 10 & 7 & * \\
* & 45 & 25 & -1 & 2 & 15 & 15 & 11 & 11 & 14 & 18 & 13 & -7 & -19 & -12 & -5 & -1 & 3 & 1 & * \\
* & -13 & -12 & -9 & 9 & 23 & 20 & 10 & 6 & 4 & 11 & 34 & 47 & 34 & 12 & -3 & -9 & -11 & -12 & * \\
* & -40 & -26 & 5 & 20 & 19 & 17 & 9 & 1 & 10 & 23 & 27 & 25 & 12 & 1 & -1 & -5 & -7 & -2 & * \\
* & -42 & -37 & -40 & -53 & -64 & -65 & -54 & -42 & -30 & -17 & -13 & -13 & -10 & -3 & 1 & 0 & 4 & 6 & * \\
* & -42 & -21 & -26 & -45 & -57 & -57 & -52 & -50 & -42 & -17 & 11 & 22 & 17 & 6 & -1 & 0 & 1 & -5 & * \\
* & -15 & -2 & 4 & -4 & -5 & 8 & 5 & -16 & -13 & 21 & 39 & 19 & -2 & -6 & -9 & -14 & -17 & -20 & * \\
* & * & * & * & * & * & * & * & * & * & * & * & * & * & * & * & * & * & * & *
\end{pmatrix} \tag{7.46}
$$

ここで，上式の行列において第1行目，第20行目および第1列目，第20列目のすべての要素が“$*$”という表示になっているが，これは，Sobel オペレータによる微分演算ができない部分を意味する．たとえば，第1行第1列目の画素 I_{11} の1次微分を計算しようとしてマスクの中心位置を I_{11} の位置に合わせた場合を考えよう．この場合，図7.4(b)で示した記号でいえば，c_1, c_2, c_3, c_4, c_7 の位置に対応する画素が存在しないために，微分値の計算ができない．このような画素は，通常，処理対象から除外して考える．

次に，y 方向の1次微分 $\partial I(x,y)/\partial y$ を計算するために，上記とまったく同様の手順で，画像 $\mathcal{I}^{(B)}$ の各画素に対して y 方向の Sobel オペレータ（図7.5(b)）を施し，その結果を行列 $\mathcal{S}^y = (S^y_{i,j})$ の形にまとめると

$$
\mathcal{S}^y = \frac{1}{8\varepsilon}\left(\begin{array}{cccccccccccccccccccc}
* & * & * & * & * & * & * & * & * & * & * & * & * & * & * & * & * & * & * & * \\
* & 18 & 52 & 54 & 36 & 10 & 13 & 21 & 55 & 164 & 208 & 113 & 16 & -19 & -16 & 25 & -6 & -17 & 18 & * \\
* & 33 & 57 & 42 & 33 & 11 & 19 & 23 & 21 & 133 & 220 & 132 & 24 & -15 & -12 & 26 & -5 & -17 & 15 & * \\
* & 51 & 46 & 10 & 13 & 16 & 25 & 24 & 20 & 114 & 210 & 148 & 36 & -12 & -4 & 27 & -6 & -19 & 6 & * \\
* & 59 & 33 & -3 & 9 & 16 & 6 & 10 & 33 & 110 & 198 & 164 & 55 & -9 & -5 & 35 & -1 & -23 & 2 & * \\
* & 61 & 29 & 9 & 16 & 3 & -10 & 8 & 36 & 95 & 177 & 176 & 82 & -1 & -7 & 39 & 4 & -21 & 3 & * \\
* & 49 & 33 & 27 & 13 & -11 & -3 & 21 & 24 & 63 & 162 & 199 & 112 & 5 & -16 & 32 & 3 & -20 & 4 & * \\
* & 37 & 34 & 31 & 2 & -25 & 4 & 32 & 15 & 41 & 152 & 214 & 122 & 8 & -11 & 31 & 1 & -24 & 5 & * \\
* & 37 & 36 & 39 & -3 & -47 & 2 & 37 & 4 & 35 & 143 & 219 & 132 & 12 & -1 & 32 & -2 & -24 & 9 & * \\
* & 29 & 39 & 62 & 14 & -51 & -6 & 24 & -18 & 25 & 142 & 236 & 158 & 19 & -5 & 29 & -2 & -23 & 8 & * \\
* & 22 & 41 & 62 & 34 & -13 & -9 & -11 & -38 & 1 & 126 & 248 & 180 & 35 & 0 & 31 & 2 & -21 & 5 & * \\
* & 23 & 50 & 38 & 27 & 24 & 6 & -26 & -46 & -21 & 100 & 247 & 197 & 49 & 6 & 32 & 3 & -16 & 9 & * \\
* & 10 & 47 & 29 & 21 & 31 & 24 & -12 & -46 & -27 & 81 & 233 & 204 & 54 & 6 & 34 & 3 & -16 & 11 & * \\
* & -3 & 19 & 25 & 36 & 33 & 27 & -5 & -45 & -24 & 74 & 213 & 189 & 57 & 14 & 39 & 7 & -17 & 7 & * \\
* & 1 & -4 & 25 & 57 & 39 & 18 & -10 & -44 & -24 & 85 & 220 & 175 & 46 & 10 & 35 & 9 & -17 & 4 & * \\
* & 4 & 8 & 47 & 68 & 41 & 11 & -21 & -45 & -16 & 97 & 235 & 171 & 24 & -1 & 29 & 5 & -17 & 8 & * \\
* & 4 & 27 & 56 & 61 & 36 & 13 & -20 & -42 & 2 & 105 & 235 & 169 & 16 & 3 & 27 & 2 & -12 & 10 & * \\
* & 22 & 35 & 40 & 45 & 29 & 19 & -10 & -38 & 18 & 127 & 245 & 170 & 13 & 2 & 25 & 4 & -9 & 3 & * \\
* & 43 & 48 & 28 & 30 & 31 & 30 & -19 & -48 & 39 & 165 & 253 & 153 & 4 & -4 & 21 & 4 & -11 & -4 & * \\
* & * & * & * & * & * & * & * & * & * & * & * & * & * & * & * & * & * & * & *
\end{array}\right) \tag{7.47}
$$

となる．ここに，式（7.47）中の“$*$”という表示は，式（7.46）と同様，微分演算ができないために処理対象から除外される要素を示す．

以上により，$\mathcal{I}^{(B)}$ の各画素 $I_{i,j}$ に対して $\partial I/\partial x(=S^x_{i,j})$ および $\partial I/\partial y(=S^y_{i,j})$ が求まったので，これらより，1 次微分の大きさを求めることができる．具体的には，画素 $I_{i,j}$ の 1 次微分の大きさを $G_{i,j}$ とおくと，式（7.28）より

$$
G_{i,j} = \sqrt{(S^x_{i,j})^2 + (S^y_{i,j})^2} \tag{7.48}
$$

で求まる．ここに，$S^x_{i,j}$ は式（7.46）の行列 $\mathcal{S}^x$ の第 i 行第 j 列番目の要素を，$S^y_{i,j}$ は式（7.47）の行列 $\mathcal{S}^y$ の第 i 行第 j 列番目の要素を示す．

実際には，2 乗の計算や根号の計算は加減算に比べて計算の負荷が高いので，式（7.48）の代わりに，近似的に

$$
G_{i,j} = |S^x_{i,j}| + |S^y_{i,j}| \tag{7.49}
$$

のような計算で 1 次微分の大きさの計算を代用する場合も多い．式（7.49）による 1 次微分の大きさの計算結果を行列の形式 $\mathcal{G} = (G_{i,j})$ にまとめると次のようになる．

$$
\mathcal{G}=\frac{1}{8\varepsilon}\begin{pmatrix}
* & * & * & * & * & * & * & * & * & * & * & * & * & * & * & * & * & * & * & * \\
* & 36 & 60 & 60 & 56 & 38 & 38 & 38 & 70 & 222 & 264 & 136 & 18 & 24 & 16 & 30 & 8 & 18 & 18 & * \\
* & 66 & 100 & 64 & 40 & 28 & 26 & 32 & 30 & 146 & 254 & 168 & 54 & 40 & 24 & 28 & 8 & 20 & 22 & * \\
* & 90 & 82 & 24 & 22 & 30 & 38 & 46 & 42 & 134 & 238 & 168 & 38 & 24 & 14 & 36 & 16 & 26 & 6 & * \\
* & 60 & 34 & 8 & 10 & 18 & 24 & 52 & 76 & 146 & 242 & 212 & 90 & 32 & 24 & 46 & 2 & 28 & 6 & * \\
* & 76 & 44 & 12 & 26 & 6 & 16 & 8 & 38 & 112 & 222 & 226 & 106 & 2 & 8 & 44 & 12 & 26 & 4 & * \\
* & 54 & 36 & 34 & 22 & 12 & 4 & 36 & 38 & 74 & 192 & 216 & 122 & 28 & 34 & 40 & 6 & 20 & 6 & * \\
* & 78 & 72 & 64 & 26 & 34 & 4 & 36 & 22 & 42 & 164 & 234 & 144 & 30 & 20 & 36 & 8 & 28 & 8 & * \\
* & 46 & 40 & 50 & 26 & 58 & 6 & 42 & 18 & 60 & 170 & 242 & 138 & 20 & 10 & 38 & 4 & 26 & 16 & * \\
* & 66 & 86 & 98 & 22 & 68 & 26 & 24 & 44 & 72 & 198 & 280 & 176 & 20 & 8 & 30 & 2 & 24 & 12 & * \\
* & 32 & 46 & 76 & 56 & 24 & 52 & 36 & 42 & 28 & 184 & 322 & 246 & 82 & 28 & 48 & 14 & 28 & 8 & * \\
* & 24 & 56 & 38 & 50 & 50 & 12 & 38 & 64 & 32 & 106 & 264 & 206 & 52 & 10 & 32 & 6 & 18 & 12 & * \\
* & 38 & 54 & 30 & 30 & 44 & 42 & 44 & 86 & 68 & 114 & 244 & 208 & 58 & 6 & 40 & 14 & 26 & 18 & * \\
* & 48 & 44 & 26 & 38 & 48 & 42 & 16 & 56 & 38 & 92 & 226 & 196 & 76 & 26 & 44 & 8 & 20 & 8 & * \\
* & 14 & 16 & 34 & 66 & 62 & 38 & 20 & 50 & 28 & 96 & 254 & 222 & 80 & 22 & 38 & 18 & 28 & 16 & * \\
* & 44 & 34 & 52 & 88 & 60 & 28 & 30 & 46 & 26 & 120 & 262 & 196 & 36 & 2 & 30 & 10 & 24 & 10 & * \\
* & 46 & 64 & 96 & 114 & 100 & 78 & 74 & 84 & 32 & 122 & 248 & 182 & 26 & 6 & 28 & 2 & 16 & 16 & * \\
* & 64 & 56 & 66 & 90 & 86 & 76 & 62 & 88 & 60 & 144 & 256 & 192 & 30 & 8 & 26 & 4 & 10 & 8 & * \\
* & 58 & 50 & 32 & 34 & 36 & 38 & 24 & 64 & 52 & 186 & 292 & 172 & 6 & 10 & 30 & 18 & 28 & 24 & * \\
* & * & * & * & * & * & * & * & * & * & * & * & * & * & * & * & * & * & * & *
\end{pmatrix} \tag{7.50}
$$

式 (7.46)，(7.47)，(7.50) の各要素を比較して，計算結果を確認されたい.

さて，ここでの最終目的は，画像 $\mathcal{I}^{(B)}$ からエッジとなる画素の位置を特定することである．7.3.1 項で述べたように，明るさが急変するエッジ部分では 1 次微分値が大きく，とくにエッジ点ではその値が極大となる．そこで，まず，簡単なしきい値処理により，1 次微分値があるしきい値より大きくなる要素を抜き出してみることにしよう．いま，しきい値 $t=20/\varepsilon=1/(8\varepsilon)\times 160$ に設定し，式 (7.50) の各要素に対して次のしきい値処理

$$
H_{i,j}=\begin{cases} G_{i,j} & G_{i,j}\geq t \text{ のとき} \\ 0 & G_{i,j}< t \text{ のとき} \end{cases} \tag{7.51}
$$

を行うことにより画像 $\mathcal{H}=(H_{i,j})$ を生成すると次のようになる.

$$\mathcal{H}=\frac{1}{8\varepsilon}\begin{pmatrix}
* & * & * & * & * & * & * & * & * & * & * & * & * & * & * & * & * & * & * & * \\
* & 0 & 0 & 0 & 0 & 0 & 0 & 0 & 222 & 264 & 0 & 0 & 0 & 0 & 0 & 0 & 0 & 0 & 0 & * \\
* & 0 & 0 & 0 & 0 & 0 & 0 & 0 & 0 & 254 & 168 & 0 & 0 & 0 & 0 & 0 & 0 & 0 & 0 & * \\
* & 0 & 0 & 0 & 0 & 0 & 0 & 0 & 0 & 238 & 168 & 0 & 0 & 0 & 0 & 0 & 0 & 0 & 0 & * \\
* & 0 & 0 & 0 & 0 & 0 & 0 & 0 & 0 & 242 & 212 & 0 & 0 & 0 & 0 & 0 & 0 & 0 & 0 & * \\
* & 0 & 0 & 0 & 0 & 0 & 0 & 0 & 0 & 222 & 226 & 0 & 0 & 0 & 0 & 0 & 0 & 0 & 0 & * \\
* & 0 & 0 & 0 & 0 & 0 & 0 & 0 & 0 & 192 & 216 & 0 & 0 & 0 & 0 & 0 & 0 & 0 & 0 & * \\
* & 0 & 0 & 0 & 0 & 0 & 0 & 0 & 0 & 164 & 234 & 0 & 0 & 0 & 0 & 0 & 0 & 0 & 0 & * \\
* & 0 & 0 & 0 & 0 & 0 & 0 & 0 & 0 & 170 & 242 & 0 & 0 & 0 & 0 & 0 & 0 & 0 & 0 & * \\
* & 0 & 0 & 0 & 0 & 0 & 0 & 0 & 0 & 198 & 280 & 176 & 0 & 0 & 0 & 0 & 0 & 0 & 0 & * \\
* & 0 & 0 & 0 & 0 & 0 & 0 & 0 & 0 & 184 & 322 & 246 & 0 & 0 & 0 & 0 & 0 & 0 & 0 & * \\
* & 0 & 0 & 0 & 0 & 0 & 0 & 0 & 0 & 0 & 264 & 206 & 0 & 0 & 0 & 0 & 0 & 0 & 0 & * \\
* & 0 & 0 & 0 & 0 & 0 & 0 & 0 & 0 & 0 & 244 & 208 & 0 & 0 & 0 & 0 & 0 & 0 & 0 & * \\
* & 0 & 0 & 0 & 0 & 0 & 0 & 0 & 0 & 0 & 226 & 196 & 0 & 0 & 0 & 0 & 0 & 0 & 0 & * \\
* & 0 & 0 & 0 & 0 & 0 & 0 & 0 & 0 & 0 & 254 & 222 & 0 & 0 & 0 & 0 & 0 & 0 & 0 & * \\
* & 0 & 0 & 0 & 0 & 0 & 0 & 0 & 0 & 0 & 262 & 196 & 0 & 0 & 0 & 0 & 0 & 0 & 0 & * \\
* & 0 & 0 & 0 & 0 & 0 & 0 & 0 & 0 & 0 & 248 & 182 & 0 & 0 & 0 & 0 & 0 & 0 & 0 & * \\
* & 0 & 0 & 0 & 0 & 0 & 0 & 0 & 0 & 0 & 256 & 192 & 0 & 0 & 0 & 0 & 0 & 0 & 0 & * \\
* & 0 & 0 & 0 & 0 & 0 & 0 & 0 & 0 & 186 & 292 & 172 & 0 & 0 & 0 & 0 & 0 & 0 & 0 & * \\
* & * & * & * & * & * & * & * & * & * & * & * & * & * & * & * & * & * & * & *
\end{pmatrix} \tag{7.52}$$

式 (7.52) においてゼロでない要素が 1 次微分の大きさがある程度大きな画素，すなわち，エッジ点の候補である．この中から極大点を選ぶことによってエッジ点を検出することができる．ただし，画像は 2 次元なので，実際には，どういう方向（軸）に沿って極大値の判定をするのかが問題となる．これは式 (7.29) で計算されるエッジの方向を利用することによって解決できる．具体的には，画素 $I_{i,j}$ がエッジ点の候補（すなわち，$H_{i,j} \neq 0$）のとき，エッジの方向を $\theta_{i,j}$ とおくと，式 (7.29) より

$$\theta_{i,j} = \mathrm{atan2}(S^y_{i,j}, S^x_{i,j}) \tag{7.53}$$

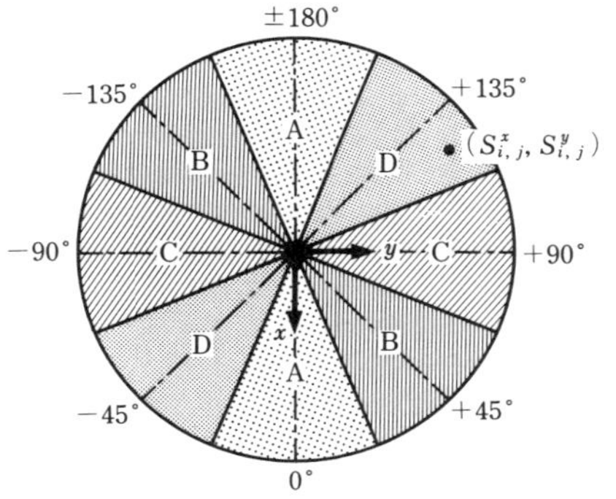

図 7.8 エッジの方向

で求まる．ここに，$S^x_{i,j}$ は式（7.46）の行列 $\mathcal{S}^x$ の第 i 行第 j 列番目の要素を，$S^y_{i,j}$ は式（7.47）の行列 $\mathcal{S}^y$ の第 i 行第 j 列番目の要素を示す．$\mathrm{atan2}(y, x)$ は，すでに示したように，2 次元座標 (x, y) が x 軸となす角度を $-\pi \sim \pi(\mathrm{rad})$ で返す関数であり，$\theta_{i,j}$ を図示すると図 7.8 のようになる．すなわち，画素 $I_{i,j}$ がエッジ点かどうかを判定するためには，図 7.8 に示す $\theta_{i,j}$ の方向に沿って，$H_{i,j}$ の値が極大となるかどうかを調べればよい．ただし，ディジタル画像の場合，実際に着目要素 $H_{i,j}$ に対して調べることのできる方向は“上下左右斜めの 8 方向”なので，次のような手順で，非極大点を抑制することによって，消去法的に極大点を抜き出す．この手法を**非極大点抑制処理**と呼ぶ．

［非極大点抑制処理］

以下の手順で，$\mathcal{H} = (H_{i,j})$ と同サイズの行列 $\mathcal{H}' = (H'_{i,j})$ を作成する．
すべての $H_{i,j}$ に対して，次の処理を行う．

- もし，$H_{i,j} = 0$ ならば，$H'_{i,j} = 0$ とする．
- もし，$H_{i,j} \neq 0$ ならば，式（7.53）および式（7.46），式（7.47）よりエッ

$$\mathcal{H} = \begin{pmatrix} \ddots & & & & \\ \cdots & \cdots & H_{i-1,j} & \cdots & \cdots \\ \cdots & \cdots & H_{i,j} & \cdots & \cdots \\ \cdots & \cdots & H_{i+1,j} & \cdots & \cdots \\ \cdots & & & \ddots & \end{pmatrix}$$

（a）$\theta_{i,j}$ が領域Aに属する場合の近傍画素

$$\mathcal{H} = \begin{pmatrix} \ddots & & & & \\ \cdots & H_{i-1,j-1} & \cdots & \cdots & \cdots \\ \cdots & \cdots & H_{i,j} & \cdots & \cdots \\ \cdots & \cdots & \cdots & H_{i+1,j+1} & \cdots \\ \cdots & & & & \ddots \end{pmatrix}$$

（b）$\theta_{i,j}$ が領域Bに属する場合の近傍画素

$$\mathcal{H} = \begin{pmatrix} \ddots & & & & \\ \cdots & \cdots & \cdots & \cdots & \cdots \\ \cdots & H_{i,j-1} & H_{i,j} & H_{i,j+1} & \cdots \\ \cdots & \cdots & \cdots & \cdots & \cdots \\ \cdots & & & & \ddots \end{pmatrix}$$

（c）$\theta_{i,j}$ が領域Cに属する場合の近傍画素

$$\mathcal{H} = \begin{pmatrix} \ddots & & & & \\ \cdots & \cdots & \cdots & H_{i-1,j+1} & \cdots \\ \cdots & \cdots & H_{i,j} & \cdots & \cdots \\ \cdots & H_{i+1,j-1} & \cdots & \cdots & \cdots \\ \cdots & & & & \ddots \end{pmatrix}$$

（d）$\theta_{i,j}$ が領域Dに属する場合の近傍画素

図 7.9 非極大点抑制処理における近傍画素

ジの方向 $\theta_{i,j}$ を求める．$\theta_{i,j}$ の値に応じて次の 4 つの場合に場合分けし，$H'_{i,j}$ を定める．

1)　$\theta_{i,j}$ が図 7.8 の領域 A に属する場合
　もし $H_{i,j} < H_{i-1,j}$ または $H_{i,j} < H_{i+1,j}$ ならば，$H'_{i,j} = 0$，さもなければ，$H'_{i,j} = H_{i,j}$ とする（図 7.9(a)参照）．

2)　$\theta_{i,j}$ が図 7.8 の領域 B に属する場合
　もし $H_{i,j} < H_{i-1,j-1}$ または $H_{i,j} < H_{i+1,j+1}$ ならば，$H'_{i,j} = 0$，さもなければ，$H'_{i,j} = H_{i,j}$ とする（図 7.9(b)参照）．

3)　$\theta_{i,j}$ が図 7.8 の領域 C に属する場合
　もし $H_{i,j} < H_{i,j-1}$ または $H_{i,j} < H_{i,j+1}$ ならば，$H'_{i,j} = 0$，さもなければ，$H'_{i,j} = H_{i,j}$ とする．（図 7.9(c)参照）．

4)　$\theta_{i,j}$ が図 7.8 の領域 D に属する場合
　もし $H_{i,j} < H_{i-1,j+1}$ または $H_{i,j} < H_{i+1,j-1}$ ならば，$H'_{i,j} = 0$，さもなければ，$H'_{i,j} = H_{i,j}$ とする．（図 7.9（d）参照）．

たとえば，式（7.52）より，第 2 行第 10 列目の画素は，$H_{2,10} = 222 \times (1/8\varepsilon)$ となっており，エッジ点の候補として抜き出されている．この点がエッジ点となりうるかどうかを非極大点抑制処理により判定してみよう．まず，エッジの方向を求める．式（7.46）より $S^x_{2,10} = -58$，式（7.47）より $S^y_{2,10} = 164$ なので，式（7.53）より

$$\theta_{2,10} = \mathrm{atan2}(164, -58) = 1.9\cdots(\mathrm{rad}) \approx 109(\mathrm{deg})$$

となる．これは図 7.8 より領域 C に属するので，図 7.9(c)の近傍画素に対して非極大点抑制処理を施すと，$H_{2,10}(= 222 \times (1/8\varepsilon)) < H_{2,11}(= 264 \times (1/8\varepsilon))$ なので，$H_{2,10}$ は極大点ではないことがわかる．以上のような手順で，式（7.52）のすべての要素に対して処理を行うと，エッジ点の位置を示す次のような行列 $\mathcal{H}' = (H'_{i,j})$ が得られる．

$$
\mathcal{H}'=\frac{1}{8\varepsilon}\left(\begin{array}{cccccccccccccccccccc}
\ast & \ast & \ast & \ast & \ast & \ast & \ast & \ast & \ast & \ast & \ast & \ast & \ast & \ast & \ast & \ast & \ast & \ast & \ast & \ast \\
\ast & 0 & 0 & 0 & 0 & 0 & 0 & 0 & 0 & 0 & 264 & 0 & 0 & 0 & 0 & 0 & 0 & 0 & 0 & \ast \\
\ast & 0 & 0 & 0 & 0 & 0 & 0 & 0 & 0 & 0 & 254 & 0 & 0 & 0 & 0 & 0 & 0 & 0 & 0 & \ast \\
\ast & 0 & 0 & 0 & 0 & 0 & 0 & 0 & 0 & 0 & 238 & 0 & 0 & 0 & 0 & 0 & 0 & 0 & 0 & \ast \\
\ast & 0 & 0 & 0 & 0 & 0 & 0 & 0 & 0 & 0 & 242 & 0 & 0 & 0 & 0 & 0 & 0 & 0 & 0 & \ast \\
\ast & 0 & 0 & 0 & 0 & 0 & 0 & 0 & 0 & 0 & 0 & 226 & 0 & 0 & 0 & 0 & 0 & 0 & 0 & \ast \\
\ast & 0 & 0 & 0 & 0 & 0 & 0 & 0 & 0 & 0 & 0 & 216 & 0 & 0 & 0 & 0 & 0 & 0 & 0 & \ast \\
\ast & 0 & 0 & 0 & 0 & 0 & 0 & 0 & 0 & 0 & 0 & 234 & 0 & 0 & 0 & 0 & 0 & 0 & 0 & \ast \\
\ast & 0 & 0 & 0 & 0 & 0 & 0 & 0 & 0 & 0 & 0 & 242 & 0 & 0 & 0 & 0 & 0 & 0 & 0 & \ast \\
\ast & 0 & 0 & 0 & 0 & 0 & 0 & 0 & 0 & 0 & 0 & 280 & 0 & 0 & 0 & 0 & 0 & 0 & 0 & \ast \\
\ast & 0 & 0 & 0 & 0 & 0 & 0 & 0 & 0 & 0 & 0 & 322 & 0 & 0 & 0 & 0 & 0 & 0 & 0 & \ast \\
\ast & 0 & 0 & 0 & 0 & 0 & 0 & 0 & 0 & 0 & 0 & 264 & 0 & 0 & 0 & 0 & 0 & 0 & 0 & \ast \\
\ast & 0 & 0 & 0 & 0 & 0 & 0 & 0 & 0 & 0 & 0 & 244 & 0 & 0 & 0 & 0 & 0 & 0 & 0 & \ast \\
\ast & 0 & 0 & 0 & 0 & 0 & 0 & 0 & 0 & 0 & 0 & 226 & 0 & 0 & 0 & 0 & 0 & 0 & 0 & \ast \\
\ast & 0 & 0 & 0 & 0 & 0 & 0 & 0 & 0 & 0 & 0 & 254 & 0 & 0 & 0 & 0 & 0 & 0 & 0 & \ast \\
\ast & 0 & 0 & 0 & 0 & 0 & 0 & 0 & 0 & 0 & 0 & 262 & 0 & 0 & 0 & 0 & 0 & 0 & 0 & \ast \\
\ast & 0 & 0 & 0 & 0 & 0 & 0 & 0 & 0 & 0 & 0 & 248 & 0 & 0 & 0 & 0 & 0 & 0 & 0 & \ast \\
\ast & 0 & 0 & 0 & 0 & 0 & 0 & 0 & 0 & 0 & 0 & 256 & 0 & 0 & 0 & 0 & 0 & 0 & 0 & \ast \\
\ast & 0 & 0 & 0 & 0 & 0 & 0 & 0 & 0 & 0 & 0 & 292 & 0 & 0 & 0 & 0 & 0 & 0 & 0 & \ast \\
\ast & \ast & \ast & \ast & \ast & \ast & \ast & \ast & \ast & \ast & \ast & \ast & \ast & \ast & \ast & \ast & \ast & \ast & \ast & \ast
\end{array}\right) \quad (7.54)
$$

式（7.54）において，ゼロでない要素に対応する行および列番号がエッジ点の位置である．これが図7.1の小領域Bにおける人形の足の境界部分と対応することを確認されたい．

7.4　ま　と　め

本章では，ロボットビジョンの基礎事項として，まずコンピュータ上での画像の内部表現について簡単に説明した後，基礎的な画像処理手法として，「2値化処理」と「エッジ検出処理」を取り上げた．これらはいずれも画像から対象を構成する画素を抽出するための最も基本的な処理である．以下に，2値化処理とエッジ検出処理の利点と欠点をまとめる．

［2値化処理の場合］

●利　点

—処理が簡単．

—必然的に閉じた境界が得られる．具体的には，対象を“1”，背景を“0”とした2値画像の場合，“0”に接する“1”の画素を抽出するだけで物体の境界線を構成する点列が得られる.

—対象の位置・姿勢，大きさ，形状などの特徴を容易に計算することができる．たとえば，対象を“1”，背景を“0”とした2値画像の場合，“1”の数を数えるだけで対象の大きさ（面積）がわかる．また，それらの重心位置や慣性モーメントを求めれば，対象の位置や姿勢がわかる.

●欠　点

—適用できる環境に大きな制限がある（多くのロボット応用では，環境を整備することによってこの問題を解決している）．たとえば，対象と背景のコントラストがあまりない場合や，照明条件が大きく変動する場合，対象表面の明るさが部分的に大きく異なる場合には，単純な2値化処理ではうまく対象を抽出できない.

—上記したように対象の境界線は簡単に得られるが，一方で，境界線の位置は2値化のしきい値の選び方に大きく左右される.

—2値化処理により得られるのは基本的に対象のシルエット画像であり，対象物体表面の細かな特徴は原理的に得られない.

［エッジ検出処理の場合］

●利　点

—検出されるエッジの位置は，しきい値などのパラメータにあまり左右されず信頼度よく求まる．すなわち，エッジを連結することによって得られる対象の境界線の位置は2値化により得られる境界線の位置より精度が高い.

—適用できる環境や対象に対する制約があまりない．より一般的な環境下でも適用可能であり，照明条件の変動にも比較的頑健である.

—物体のシルエットだけでなく，対象物体表面の模様などの細かな特徴も抽出できる.

●欠　点

—2値化処理に比べると計算量が多い.（ただし，実際には，エッジ検出は単純な積和演算なのでハードウェア化が容易であり，また本章で紹介した3×3程度の積和演算であればソフトウェアでも十分に高速演算可能である.)

—エッジ検出処理では閉じた境界が得られるとは限らない(境界部分が一部欠損することがある). 一方で, 境界線以外の特徴も同時に抽出される. すなわち, 対象の境界線を求めるためには, これらより, 対象の境界線を構成すると思われる画素だけを抜き出し, 欠損を埋め, 連結していくという処理が必要になり, 2値画像から境界線を求めるよりはるかに複雑である.

—対象表面の細かな特徴を抽出できる代わりに, 原理的に, ノイズの影響も受けやすい.

このように両手法には一長一短があり, タスク(目的)に応じてうまく使い分ける(あるいは両手法をうまく併用する)ことが重要である.

本書では, 紙面の都合上, 多くの場合においてまず必要となる最も基本的な画像処理手法に絞って解説したが, 実際のロボット応用(対象物体の認識や位置姿勢計測のために視覚を使う)においては, まず2値化処理あるいはエッジ検出処理により対象物体領域(対象物体の境界)を求めた後, さらに, それらから対象領域の特徴を抽出する処理, 抽出された特徴に基づいて物体を記述する処理, 記述結果とモデルとの照合処理などが必要となってくる. これらのより高度な画像処理手法については, 多数の参考書[1-4]があるので, それらを一読されたい.

演習問題

7.1 2値化のためのしきい値 t を式(7.14)の評価関数を利用して自動選択する問題を考える.

(1) 式(7.15)および(7.16)で与えられるクラス間分散 $\sigma_B{}^2$ とクラス内分散 $\sigma_W{}^2$ の間には次の関係が成立することを示せ.

$$\sigma_B{}^2+\sigma_W{}^2=\sigma^2$$

ただし, σ^2 はしきい値 t に依存しない全分散であり

$$\sigma^2=\frac{1}{n_{\text{all}}}\left\{\sum_{x=0}^{q-1}(x-m_{\text{all}})^2 n(x)\right\}$$

である.

(2) 上式の関係を用いると，クラス内分散 $\sigma_W{}^2$ は，$\sigma_W{}^2 = \sigma^2 - \sigma_B{}^2$ として求めることができる．そこで，以下では，クラス間分散 $\sigma_B{}^2$ を簡潔に求める方法を考えよう．

(a) いま，$t-1$ レベルまでの画素値の分布の 0 次および 1 次モーメントをそれぞれ

$$\alpha_t = \frac{1}{n_{\text{all}}}\sum_{x=0}^{t-1} n(x), \qquad \beta_t = \frac{1}{n_{\text{all}}}\sum_{x=0}^{t-1} x \cdot n(x)$$

とするとき，クラス $\mathcal{C}_{t-}$ および $\mathcal{C}_{t+}$ の平均画素値 m_{t-}, m_{t+} がそれぞれ次のように書けることを示せ.

$$m_{t-} = \frac{\beta_t}{\alpha_t}, \qquad m_{t+} = \frac{m_{\text{all}} - \beta_t}{1-\alpha_t}$$

(b) α_t と β_t を用いると，式 (7.15) で定義されるクラス間分散 $\sigma_B{}^2$ が次式で計算できることを示せ.

$$\sigma_B{}^2 = \frac{(m_{\text{all}} \cdot \alpha_t - \beta_t)^2}{\alpha_t(1-\alpha_t)}$$

7.2 画像 $\mathcal{I} = (I_{i,j})$ に対して次のような平滑化操作 S を行うことを考える.

$S : I_{i,j} \rightarrow \bar{I}_{i,j}$

$$\bar{I}_{i,j} = \frac{1}{N_R}\left\{\sum_{(m,n)\in R_{i,j}} I_{m,n}\right\}$$

ただし，$\boldsymbol{R}_{i,j}$ は画素 (i,j) とその近傍画素の集合であり，N_R は集合 $\boldsymbol{R}_{i,j}$ に属する画素の数を示す．いま，原画像にノイズが加法的に加えられていると仮定する．すなわち

$$I_{i,j} = I_{i,j}{}^{(\text{org})} + I_{i,j}{}^{(\text{noise})}$$

で表される場合を考える．ここに，$I_{i,j}{}^{(\text{org})}$ はノイズにより劣化する前の原画像の (i,j) 成分を，$I_{i,j}{}^{(\text{noise})}$ は画素 (i,j) に加えられたノイズ成分とする．いま，ノイズは画素ごとに無相関であり，ノイズの振幅の平均値がゼロ，分散が $\sigma_N{}^2$ であるとき，上式の平滑化操作 S により得られる画像 $\bar{\mathcal{I}} = (\bar{I}_{i,j})$ のノイズの振幅の分散は $(1/N_R)\sigma_N{}^2$ に抑制されることを示せ.

7.3 1 次微分オペレータの導出に関する以下の問に答えよ.

(1) 7.3.2 項の手順に従って，図 7.5(b) に示した y 方向の Sobel オペレータを導出せよ.

(2) 式 (7.45) (図 7.6(a)) を導出せよ．また，それと同様の手順で y 方向の Prewitt オペレータ (図 7.6(b)) を導出せよ.

(3) 差分近似と平滑化手法をうまく組み合わせて本文中で紹介したオペレータとは異なる1次微分オペレータを新たに作成してみよ.

7.4 2次微分オペレータの導出に関する以下の問に答えよ.

(1) 図7.7(a)〜(c)に示した2次微分オペレータがそれぞれ

$$(\mathrm{a}):\left(\frac{\partial^2}{\partial x^2}+\frac{\partial^2}{\partial y^2}\right)+\frac{\varepsilon^2}{12}\left(\frac{\partial^4}{\partial x^4}+\frac{\partial^4}{\partial y^4}\right)+\mathcal{O}(\varepsilon^4)$$

$$(\mathrm{b}):\left(\frac{\partial^2}{\partial x^2}+\frac{\partial^2}{\partial y^2}\right)+\frac{\varepsilon^2}{12}\left(\frac{\partial^4}{\partial x^4}+6\frac{\partial^4}{\partial x^2\partial y^2}+\frac{\partial^4}{\partial y^4}\right)+\mathcal{O}(\varepsilon^4)$$

$$(\mathrm{c}):\left(\frac{\partial^2}{\partial x^2}+\frac{\partial^2}{\partial y^2}\right)+\frac{\varepsilon^2}{12}\left(\frac{\partial^4}{\partial x^4}+4\frac{\partial^4}{\partial x^2\partial y^2}+\frac{\partial^4}{\partial y^4}\right)+\mathcal{O}(\varepsilon^4)$$

を出力することを示せ.

(2) 次式を出力する2次微分オペレータを作成し,図7.7(a)〜(c)と同様にマスク表現せよ.

$$\left(\frac{\partial^2}{\partial x^2}+\frac{\partial^2}{\partial y^2}\right)+\frac{\varepsilon^2}{12}\left(\frac{\partial^2}{\partial x^2}+\frac{\partial^2}{\partial y^2}\right)^2+\mathcal{O}(\varepsilon^4)$$

演習問題略解

2.1 (1) $\begin{bmatrix} C\alpha & 0 & S\alpha \\ 0 & 1 & 0 \\ -S\alpha & 0 & C\alpha \end{bmatrix}\begin{bmatrix} 0 \\ 0 \\ 1 \end{bmatrix} = \begin{bmatrix} S\alpha \\ 0 \\ C\alpha \end{bmatrix}$

(2) $\begin{bmatrix} C\delta & -S\delta & 0 \\ S\delta & C\delta & 0 \\ 0 & 0 & 1 \end{bmatrix}\begin{bmatrix} C\beta & 0 & S\beta \\ 0 & 1 & 0 \\ -S\beta & 0 & C\beta \end{bmatrix}\begin{bmatrix} 1 \\ 0 \\ 0 \end{bmatrix} = \begin{bmatrix} C\delta C\beta \\ S\delta C\beta \\ -S\beta \end{bmatrix}$

(3) $\overline{\mathrm{AB}}^2 = (S\alpha - C\delta C\beta)^2 + S^2\delta C^2\beta + (C\alpha + S\beta)^2 = 2$ を解くと

$\tan\beta = \tan\alpha\cos\delta$

2.2 (1) X^*軸：$(\cos\alpha\cos\beta,\ \sin\alpha\cos\beta,\ \sin\beta)^T$

Y^*軸：$(-\sin\alpha,\ \cos\alpha,\ 0)^T$

Z^*軸：$(-\cos\alpha\sin\beta,\ -\sin\alpha\sin\beta,\ \cos\beta)^T$

(2) (1)で求めた方向余弦を列ベクトルとする回転行列を ${}^0R_*$ とすると，点 P の位置ベクトル ${}^*\boldsymbol{p}$ は

$${}^*\boldsymbol{p} = {}^0R_*{}^T\,{}^0\boldsymbol{p} - {}^0R_*{}^T\boldsymbol{L}$$

(3) 原点位置：$(1, 0, 0)^T$，方向余弦：$(0, 1, 0)^T$，$(-1, 0, 0)^T$，$(0, 0, 1)^T$

2.3 (1) ある時点の座標系を Σ_1，その 10 秒後の座標系を Σ_2，Σ_1 の原点から Σ_2 の原点へのベクトルを ${}^1\boldsymbol{a}$，Σ_1 と Σ_2 の間の回転行列を ${}^1R_2$ とすると，Σ_1, Σ_2 で表した P 点の位置ベクトル ${}^1\boldsymbol{p}, {}^2\boldsymbol{p}$ に対して

$${}^1\boldsymbol{p} = {}^1\boldsymbol{a} + {}^1R_2\,{}^2\boldsymbol{p}$$

が成り立つ．同様に，Q 点の位置ベクトル ${}^1\boldsymbol{q}$，${}^2\boldsymbol{q}$ に対して

$${}^1\boldsymbol{q} = {}^1\boldsymbol{a} + {}^1R_2\,{}^2\boldsymbol{q}$$

が成り立つ．各位置ベクトルに具体的な数値を代入し

$${}^1R_2 = \begin{bmatrix} C\theta & -S\theta \\ S\theta & C\theta \end{bmatrix}$$

として連立方程式を解くと，　$\theta = \pi/4(\mathrm{rad})$，${}^1a = [\sqrt{2}/2,\ 1-\sqrt{2}/2]^T$

(2) 円運動の半径を r とすると，円の中心はつねに $(0, r)^T$ だから

$$\begin{bmatrix} 0 \\ r \end{bmatrix} = {}^1\boldsymbol{a} + {}^1R_2 \begin{bmatrix} 0 \\ r \end{bmatrix}$$

を解いて $r=1$，また円運動の周期は 80 秒．

3.1 演習問題 2.1 に示された関係式 $\tan\beta = \tan\alpha\cos\delta$ を時間で微分すると

$$\dot{\beta}/\dot{\alpha} = \cos\delta/(1-\sin^2\delta\sin^2\alpha)$$

を得る．この変動量は $\cos\delta/(1-\sin^2\delta) \leqq \dot{\beta}/\dot{\alpha} \leqq \cos\delta$

3.2 ヤコビ行列 J は $J = \begin{bmatrix} -l_1\sin\theta_1 & -l_2\sin\theta_2 \\ l_1\cos\theta_1 & l_2\cos\theta_2 \end{bmatrix}$

3.3 (1) ヤコビ行列 J は

$$J = \begin{bmatrix} -(S_1+2S_{12}+S_{123}/2) & -(2S_{12}+S_{123}/2) & -S_{123}/2 \\ (C_1+2C_{12}+C_{123}/2) & (2C_{12}+C_{123}/2) & C_{123}/2 \\ 1 & 1 & 1 \end{bmatrix}$$

(2) $$J = \begin{bmatrix} -\sqrt{3}/4 & \sqrt{3}/4 & \sqrt{3}/4 \\ -9/4 & -7/4 & 1/4 \\ 1 & 1 & 1 \end{bmatrix} \quad \text{より} \quad \begin{bmatrix} \dot{x} \\ \dot{y} \\ \dot{\alpha} \end{bmatrix} = \begin{bmatrix} \sqrt{3}/4\ (\mathrm{m/s}) \\ -7/4\ (\mathrm{m/s}) \\ 2\quad (\mathrm{rad/s}) \end{bmatrix}$$

(3) $$J^T(JJ^T)^{-1}\begin{bmatrix} 1.0 \\ \\ 1.0 \end{bmatrix} = \begin{bmatrix} -0.88 \\ 0.66 \\ 0.77 \end{bmatrix} \quad (\mathrm{rad/s})$$

(4) 手先を水平に保ったまま A から B へ移動させるとき，第 3 関節 S は 2 点 A′$(0, 2\sqrt{3}/3)$，B′$(2, 0)$ を結ぶ線分上を動く．$\theta_2 = \pi$(rad) となる特異姿勢では，S は座標系の原点 O を中心とする半径 1.0 (m) の円周上にあり，この円と線分 A′B′ は $\theta_1 = 4\pi/3$ (rad) のときに接する．すなわち，特異形状は $(\theta_1, \theta_2, \theta_3) = (4\pi/3, \pi, 0)$(rad)

4.1 座標系 Σ_p の X_p 軸上に単位ベクトル ${}^0\boldsymbol{i}_p$ をとると，その時間変化は

$$d/dt({}^0\boldsymbol{i}_p) = {}^0\boldsymbol{\omega} \times {}^0\boldsymbol{i}_p$$

となる．他の座標軸も同様に考え，回転行列 ${}^0R_p$ の各列ベクトルが Σ_p の各座標軸上の単位ベクトルを表していることを考慮すると，与式が導かれる．

4.2 $\begin{bmatrix} \tau_1 \\ \tau_2 \end{bmatrix} = J^T \begin{bmatrix} 0 \\ -mg \end{bmatrix}$ より，各モータ軸に作用するモーメントは

それぞれ 0 と $-mgl_2$．

4.3 $${}^{p}R_s = \begin{bmatrix} \cos 45^\circ & 0 & \sin 45^\circ \\ 0 & 1 & 0 \\ -\sin 45^\circ & 0 & \cos 45^\circ \end{bmatrix}, \quad {}^{p}p = \begin{bmatrix} -0.05 \sin 45^\circ \\ 0 \\ -0.06 - 0.05 \cos 45^\circ \end{bmatrix}$$ より

$$\begin{bmatrix} {}^{p}\boldsymbol{f}_p \\ {}^{p}\boldsymbol{n}_p \end{bmatrix} = \begin{bmatrix} {}^{p}R_s & 0 \\ [{}^{p}\boldsymbol{p}\times]{}^{p}R_S & {}^{p}R_s \end{bmatrix} \begin{bmatrix} {}^{s}\boldsymbol{f}_s \\ {}^{s}\boldsymbol{n}_s \end{bmatrix}$$ を計算すると

$${}^{p}\boldsymbol{f}_p = [-10\sqrt{2},\ -10,\ -40\sqrt{2}]^T (\mathrm{N}),\quad {}^{p}\boldsymbol{n}_p = [-0.6,\ -1.3+0.6\sqrt{2},\ 0]^T (\mathrm{Nm})$$

4.4 $$J = \begin{bmatrix} -(1+\sqrt{3})/2 & -\sqrt{3}/2 \\ (1+\sqrt{3})/2 & 1/2 \end{bmatrix}, \quad K = \begin{bmatrix} 2\times 10^4 & 0 \\ 0 & 10^4 \end{bmatrix}$$ を

$C = JK^{-1}J^T$ に代入すると，コンプライアンス行列 C は

$$C = \begin{bmatrix} (5+\sqrt{3})\times 10^{-4}/4 & -(1+\sqrt{3})\times 10^{-4}/2 \\ -(1+\sqrt{3})\times 10^{-4}/2 & (3+\sqrt{3})\times 10^{-4}/4 \end{bmatrix}$$

C^2 の固有ベクトルを求めると，コンプライアンスが最大，最小となる方向ベクトル $\boldsymbol{e}_{\max}$，$\boldsymbol{e}_{\min}$ は

$$\boldsymbol{e}_{\max} = \begin{bmatrix} 0.77 \\ -0.64 \end{bmatrix}, \quad \boldsymbol{e}_{\min} = \begin{bmatrix} 0.64 \\ 0.77 \end{bmatrix}$$

となる．

5.1 (1) 関節の駆動トルクベクトルを $\boldsymbol{\tau}=(\tau_1, \tau_2)^T$，関節角ベクトルを $\boldsymbol{q} = (\theta_1, \theta_2)^T$，手先の位置ベクトルを $\boldsymbol{r} = (x, y)^T$ とおくと，加速開始時には $M(\boldsymbol{q})\ddot{\boldsymbol{q}} = \boldsymbol{\tau}$ が成り立つ．ただし，$M(q)$ は慣性行列である．また，$\boldsymbol{q}$ と $\boldsymbol{r}$ の間の関係はヤコビ行列 $J(\boldsymbol{q})$ を用いて $\dot{\boldsymbol{r}} = J(\boldsymbol{q})\dot{\boldsymbol{q}}$ と書けるから，$\ddot{\boldsymbol{r}}$ と $\boldsymbol{\tau}$ の関係 $M(\boldsymbol{q})J^{-1}(\boldsymbol{q})\ddot{\boldsymbol{r}} = \boldsymbol{\tau}$ が得られる．数値を代入して解くと，$\tau_1 = -1/4$ (Nm)，$\tau_2 = -1/4$ (Nm) となる．

(2) 関節角度のとり方に注意して $M(\boldsymbol{q})$，$J(\boldsymbol{q})$ を求め，(1)と同様にして解くと，$\tau_1 = 0$ (Nm)，$\tau_2 = -1/4$ (Nm) となる．

5.2 一定の負荷トルクを τ/s とおいて定常的な変位 $\Delta\theta$ をラプラス変換における最終値の定理を用いて求めると

$$\Delta\theta = \lim_{t\to\infty}(\theta - \theta_d) = \lim_{s\to 0} s\left[\frac{R_M\tau/s}{JR_M S^2 + (K_v + K_e)K_T S + K_P K_T}\right]$$

$$= \frac{R_M}{K_P K_T}\tau$$

となり，書き換えると $\tau = K\varDelta\theta$ となる．ただし，$K = K_T K_p/R_M$．

5.3 (1) 関節1の目標値を $\theta_1{}^d$，関節2の目標値を $\theta_2{}^d$ とおくと，2章の式（2.36）より

$$\theta_1{}^d = \phi \pm \tan^{-1}[A/(x^2+y^2+l_1{}^2+l_2{}^2)]$$
$$\theta_2{}^d = \mp\tan^{-1}[A/(x^2+y^2+l_1{}^2+l_2{}^2)]$$

ただし，

$$\phi = \pm\tan^{-1}(y/x),\ \ A = \sqrt{(x^2+y^2+l_1{}^2+l_2{}^2)^2-2[(x^2+y^2)^2+l_1{}^4+l_2{}^4]}$$

(2) 演習問題 5.2 より，サーボ剛性を行列で表現すると

$$K = \frac{K_T K_P}{R_M}\begin{bmatrix}1 & 0\\ 0 & 1\end{bmatrix}$$

となるから，手先のコンプライアンス行列 C はヤコビ行列 J を用いて $C = JK^{-1}J^T$ と表せる．したがって，外力 $\boldsymbol{F}^*$ が作用するときの手先の位置誤差 $\varDelta\boldsymbol{r} = [\varDelta\boldsymbol{r}_1, \varDelta\boldsymbol{r}_2]^T$ は

$$\varDelta\boldsymbol{r} = C\boldsymbol{F}^* = C\begin{bmatrix}0\\ -mg\end{bmatrix}$$

を解くことによって

$$\varDelta r_1 = \frac{mgR_M}{K_T K_P}P_1, \qquad \varDelta r_2 = -\frac{mgR_M}{K_T K_P}P_2$$

と求まる．ただし

$$P_1 = (l_1 S_1 + l_2 S_{12})(l_1 C_1 + l_2 C_{12}) - l_2 S_{12} C_{12}$$
$$P_2 = (l_1 C_1 + l_2 C_{12}) + l_2 C_{12}$$

(3) $\boldsymbol{F} = [F\ 0]^T$ に等価な関節トルク $\boldsymbol{\tau}$ は

$$\boldsymbol{\tau} = J^T\boldsymbol{F} = \begin{bmatrix}-(l_1 S_1 + l_2 S_{12})F\\ -l_2 S_{12} F\end{bmatrix}$$

となるから，サーボ剛性を考慮し，(1)の $\theta_1{}^d$, $\theta_2{}^d$ を用いて各関節の目標値は

$$\begin{bmatrix}\theta_1{}^d - \dfrac{R_M F}{K_T K_P}(l_1 S_1 + l_2 S_{12})\\ \theta_2{}^d - \dfrac{R_M F}{K_T K_P} l_2 S_{12}\end{bmatrix}$$

と求まる．

6.1 (a) $\rho_{\min} = 0.3/\tan(\pi/4) = 0.3\,(\mathrm{m})$

(b) 図は略.

x (m)	0	→	0.3	→	0.3	→	0
y (m)	0	→	0.3	→	0.7	→	0.4
θ (rad)	0	→	0.5π	→	0.5π	→	0
ϕ (rad)	0	0.25π	→	0	→	0.25π	0
$\dot{\phi}$ (+/−)	•	+	•	+	•	−	•
経路長 (m)	•	0.15π	•	0.4	•	0.15π	•

経路長の合計 $= 0.4+0.3\,\pi \approx 1.34\,(\mathrm{m})$

6.2
$$\phi = \tan^{-1}\frac{b\omega}{v} \qquad \dot{\phi} = \frac{\sqrt{v^2+b^2\omega^2}}{r}$$

6.3 $\varDelta\phi = \phi_1 - \phi_0$ として

$$x_1 = x_0 + r\varDelta\phi\,\frac{\sin\theta_1 - \sin\theta_0}{\theta_1-\theta_0}\cos\phi$$

$$y_1 = y_0 - r\varDelta\phi\,\frac{\cos\theta_1 - \cos\theta_0}{\theta_1-\theta_0}\cos\phi$$

$$\theta_1 = \theta_0 + \frac{r}{b}\varDelta\phi\sin\phi$$

$|\theta_1-\theta_0|$ が小さい場合には，上の 2 式は

$$x_1 = x_0 + r\varDelta\phi\cos\left(\frac{\theta_0+\theta_1}{2}\right)\cos\phi$$

$$y_1 = y_0 + r\varDelta\phi\sin\left(\frac{\theta_0+\theta_1}{2}\right)\cos\phi$$

6.4 $x = 120$，$y = 60$，$\theta \approx 2.28\,(\mathrm{rad})$

6.5 観測モデルを

$$\boldsymbol{R} = \boldsymbol{f}(\boldsymbol{x}) + \boldsymbol{\varepsilon}$$

とする．ここで，$\boldsymbol{\varepsilon}$ は誤差，$f_i(\boldsymbol{x}) = r_i(x, y, z) + c$ である．上の式から誤差を除いたものを，$\boldsymbol{x}^{(k)}$ まわりで線形化する．

$$\varDelta\boldsymbol{R}^{(k)} = \boldsymbol{A}(\boldsymbol{x}^{(k)})\varDelta\boldsymbol{x}^{(k)}$$

ここで

$$\varDelta\boldsymbol{R}^{(k)} = \boldsymbol{R} - \boldsymbol{f}(\boldsymbol{x}^{(k)}), \qquad \varDelta\boldsymbol{x}^{(k)} = \boldsymbol{x} - \boldsymbol{x}^{(k)}, \qquad A_{ij} = \frac{\partial f_i(\boldsymbol{x})}{\partial x_j}$$

である．疑似逆行列を用いて，$|\varDelta\boldsymbol{R}^{(k)}|$ を最小にする $\varDelta\boldsymbol{x}^{(k)}$ を求め，それを $\boldsymbol{x}^{(k)}$ の修正量とする．

$$\boldsymbol{x}^{(k+1)} = \boldsymbol{x}^{(k)} + \varDelta\boldsymbol{x}^{(k)}$$

詳しくは文献 9) などを参照のこと．

7.1 (1) 式 (7.15) を変形すると

$$\sigma_B{}^2 = \frac{1}{n_{\mathrm{all}}}\left\{n_{t-}(m_{t-}-m_{\mathrm{all}})^2 + n_{t+}(m_{t+}-m_{\mathrm{all}})^2\right\}$$
$$= \frac{1}{n_{\mathrm{all}}}\left\{(n_{t-}m_{t-}{}^2 + n_{t+}m_{t+}{}^2)\right.$$
$$\left. -2m_{\mathrm{all}}(n_{t-}m_{t-} + n_{t+}m_{t+}) + m_{\mathrm{all}}{}^2(n_{t-}+n_{t+})\right\}$$

となる．ここで，式 (7.17)～(7.19) より

$$n_{t-} + n_{t+} = \sum_{x=0}^{q-1} n(x)$$

式 (7.20)～(7.22) より

$$n_{t-}m_{t-} + n_{t+}m_{t+} = \sum_{x=0}^{q-1} x\cdot n(x)$$

となるので

$$\sigma_B{}^2 = \frac{1}{n_{\mathrm{all}}}\left\{(n_{t-}m_{t-}{}^2 + n_{t+}m_{t+}{}^2) + \sum_{x=0}^{q-1}(-2x\cdot m_{\mathrm{all}})\,n(x) + \sum_{x=0}^{q-1} m_{\mathrm{all}}{}^2\cdot n(x)\right\}$$

と変形できる．

一方，式 (7.16) を変形すると

$$\sigma_W{}^2 = \frac{1}{n_{\mathrm{all}}}\left\{\sum_{x=0}^{t-1}(x-m_{t-})^2 n(x) + \sum_{x=t}^{q-1}(x-m_{t+})^2 n(x)\right\}$$
$$= \frac{1}{n_{\mathrm{all}}}\left\{\left(\sum_{x=0}^{t-1} x^2\cdot n(x) + \sum_{x=t}^{q-1} x^2\cdot n(x)\right)\right.$$
$$-2\left(m_{t-}\underbrace{\sum_{x=0}^{t-1} x\cdot n(x)}_{(\mathrm{A})} + m_{t+}\underbrace{\sum_{x=t}^{q-1} x\cdot n(x)}_{(\mathrm{B})}\right)$$
$$\left. +\left(m_{t-}{}^2\underbrace{\sum_{x=0}^{t-1} n(x)}_{(\mathrm{C})} + m_{t+}{}^2\underbrace{\sum_{x=t}^{q-1} n(x)}_{(\mathrm{D})}\right)\right\}$$

ここで，式 (7.21)，(7.22)，(7.18)，(7.19) の関係をそれぞれ上式右辺の (A)，(B)，(C)，(D) に適用すると

$$\sigma_W{}^2 = \frac{1}{n_{\mathrm{all}}}\left\{\sum_{x=0}^{q-1} x^2\cdot n(x) - 2(m_{t-}{}^2 n_{t-} + m_{t+}{}^2 n_{t+}) + (m_{t-}{}^2 n_{t-} + m_t{}^2 n_{t+})\right\}$$
$$= \frac{1}{n_{\mathrm{all}}}\left\{\sum_{x=0}^{q-1} x^2\cdot n(x) - (n_{t-}m_{t-}{}^2 + n_{t+}m_{t+}{}^2)\right\}$$

と変形できる．よって

$$\sigma_B{}^2 + \sigma_W{}^2 = \frac{1}{n_{\mathrm{all}}}\left\{\sum_{x=0}^{q-1} x^2\cdot n(x) + \sum_{x=0}^{q-1}(-2x\cdot m_{\mathrm{all}})n(x) + \sum_{x=0}^{q-1} m_{\mathrm{all}}{}^2\cdot n(x)\right\}$$

$$= \frac{1}{n_{\mathrm{all}}}\left\{\sum_{x=0}^{q-1}(x-m_{\mathrm{all}})^2 n(x)\right\} = \sigma^2$$

(2) (a) 式 (7.17)～(7.22) の関係を利用すれば

$$m_{t-} = \frac{1}{n_{t-}}\sum_{x=0}^{t-1} x\cdot n(x) = \frac{\sum_{x=0}^{t-1} x\cdot n(x)}{\sum_{x=0}^{t-1} n(x)} = \frac{\frac{1}{n_{\mathrm{all}}}\sum_{x=0}^{t-1} x\cdot n(x)}{\frac{1}{n_{\mathrm{all}}}\sum_{x=0}^{t-1} n(x)}$$

$$= \frac{\beta_t}{\alpha_t}$$

$$m_{t+} = \frac{1}{n_{t+}}\sum_{x=t}^{q-1} x\cdot n(x) = \frac{\sum_{x=t}^{q-1} x\cdot n(x)}{\sum_{x=t}^{q-1} n(x)} = \frac{\frac{1}{n_{\mathrm{all}}}\sum_{x=t}^{q-1} x\cdot n(x)}{\frac{1}{n_{\mathrm{all}}}\sum_{x=t}^{q-1} n(x)}$$

$$= \frac{m_{\mathrm{all}} - \frac{1}{n_{\mathrm{all}}}\sum_{x=0}^{t-1} x\cdot n(x)}{1 - \frac{1}{n_{\mathrm{all}}}\sum_{x=0}^{t-1} n(x)} = \frac{m_{\mathrm{all}} - \beta_t}{1-\alpha_t}$$

(b) $m_{t-} = \dfrac{\beta_t}{\alpha_t}$, $m_{t+} = \dfrac{m_{\mathrm{all}}-\beta_t}{1-\alpha_t}$ より，$m_{\mathrm{all}} = \alpha_t m_{t-} + (1-\alpha_t)m_{t+}$

となる．この関係を式 (7.15) の右辺に代入し整理すると

$$\sigma_B{}^2 = \frac{1}{n_{\mathrm{all}}}\left\{n_{t-}(m_{t-}-m_{\mathrm{all}})^2 + n_{t+}(m_{t+}-m_{\mathrm{all}})^2\right\}$$

$$= \alpha_t(m_{t-}-m_{\mathrm{all}})^2 + (1-\alpha_t)(m_{t+}-m_{\mathrm{all}})^2$$

$$= \alpha_t\left[m_{t-} - \left\{\alpha_t m_{t-} + (1-\alpha_t)m_{t+}\right\}\right]^2$$

$$+ (1-\alpha_t)\left[m_{t+} - \left\{\alpha_t m_{t-} + (1-\alpha_t)m_{t+}\right\}\right]^2$$

$$= \alpha_t(1-\alpha_t)^2(m_{t-}-m_{t+})^2 + (1-\alpha_t)\alpha_t^2(m_{t-}-m_{t+})^2$$

$$= \alpha_t(1-\alpha_t)(m_{t-}-m_{t+})^2$$

となる．したがって

$$\sigma_B{}^2 = \alpha_t(1-\alpha_t)\left\{\frac{\beta_t}{\alpha_t} - \frac{m_{\mathrm{all}}-\beta_t}{1-\alpha_t}\right\}^2 = \frac{(m_{\mathrm{all}}\cdot\alpha_t - \beta_t)^2}{\alpha_t(1-\alpha_t)}$$

7.2 題意より

$$\bar{I}_{i,j} = \frac{1}{N_R}\sum_{(m,n)\in R_{i,j}}\{I_{m,n}^{(\mathrm{org})} + I_{m,n}^{(\mathrm{noise})}\}$$

$$= \frac{1}{N_R}\sum_{(m,n)\in R_{i,j}} I_{m,n}^{(\mathrm{org})} + \frac{1}{N_R}\sum_{(m,n)\in R_{i,j}} I_{m,n}^{(\mathrm{noise})}$$

となる．いま，確率変数 X の期待値を $E(X)$ で表すものとし，画像 $\bar{\mathcal{I}} = (\bar{I}_{i,j})$ のノイズ成分の期待値を μ，分散を σ^2 とおけば

$$\sigma^2 = E\left\{\left(\frac{1}{N_R}\sum_{(m,n)\in \boldsymbol{R}_{i,j}} I_{m,n}^{(\text{noise})}\right)^2\right\} - \mu^2$$

$$= \frac{1}{{N_R}^2}E\left\{\sum_{(s,t)\in \boldsymbol{R}_{i,j}} I_{s,t}^{(\text{noise})} \sum_{(u,v)\in \boldsymbol{R}_{i,j}} I_{u,v}^{(\text{noise})}\right\} - \mu^2$$

$$= \frac{1}{N_R^2}\sum_{(s,t)\in \boldsymbol{R}_{i,j}}\sum_{(u,v)\in \boldsymbol{R}_{i,j}} E\{I_{s,t}^{(\text{noise})} I_{u,v}^{(\text{noise})}\} - \mu^2$$

である．ここで，上式右辺の中の $E\{I_{s,t}^{(\text{noise})} I_{u,v}^{(\text{noise})}\}$ は，$s=u$ かつ $t=v$ のとき ${\sigma_N}^2+\mu^2$，$s\neq u$ または $t\neq v$ のとき $E\{I_{s,t}^{(\text{noise})}\}E\{I_{u,v}^{(\text{noise})}\}=\mu^2$ となることに注意すると，上式は

$$\sigma^2 = \frac{1}{{N_R}^2}\{N_R({\sigma_N}^2+\mu^2)+({N_R}^2-N_R)\mu^2\} - \mu^2$$

と変形できる．ここで

$$\mu = E\left\{\frac{1}{N_R}+\sum_{(m,n)\in \boldsymbol{R}_{i,j}} I_{m,n}^{(\text{noise})}\right\} = \frac{1}{N_R}\sum_{(m,n)\in \boldsymbol{R}_{i,j}} E\{I_{m,n}^{(\text{noise})}\} = 0$$

であることを考慮すると，ただちに

$$\sigma^2 = \frac{1}{N_R}{\sigma_N}^2$$

を得る．

7.3 (1) 図 7.5(b)のオペレータによる積和演算は，次の 2 つの操作の合成関数 $G_y \circ S_y$ として求めればよい．

$$G_y : I_{i,j} \rightarrow I'_{i,j}$$

ここに　$I'_{i,j} = \frac{1}{2\varepsilon}(I_{i,j+1} - I_{i,j-1})$

$$S_y : I_{i,j} \rightarrow \bar{I}_{i,j}$$

ここに　$\bar{I}_{i,j} = \frac{1}{4}(I_{i-1,j} + 2I_{i,j} + I_{i+1,j})$

ここに，G_y は y 方向の 1 次微分操作を中心差分で近似したものである．また，S_y は y 方向の変動をぼかさずノイズを抑制する平滑化操作である．

すなわち

$G_y \circ S_y : I_{i,j} \rightarrow \bar{I}'_{i,j}$

ここに，　$\bar{I}'_{i,j} = \frac{1}{2\varepsilon}(\bar{I}_{i,j+1} - \bar{I}_{i,j-1})$

$$\bar{I}_{i,j} = \frac{1}{4}(I_{i-1,j} + 2I_{i,j} + I_{i+1,j})$$

よって

$$\bar{I}'_{i,j} = \frac{1}{2\varepsilon}\left\{\frac{1}{4}(I_{i-1,j+1}+2I_{i,j+1}+I_{i+1,j+1}) - \frac{1}{4}(I_{i-1,j-1}+2I_{i,j-1}+I_{i+1,j-1})\right\}$$

$$= \frac{1}{8\varepsilon}(I_{i-1,j+1}+2I_{i,j+1}+I_{i+1,j+1}-I_{i-1,j-1}-2I_{i,j-1}-I_{i+1,j-1})$$

を得る．これは図 7.5(b)のマスク表現と一致している．

(2) ［式 (7.45)(図 7.6(a)) の導出］ 題意より

$G_x \circ S'_x : I_{i,j} \rightarrow \bar{I}'_{i,j}$

ここに，$\bar{I}'_{i,j} = \frac{1}{2\varepsilon}(\bar{I}_{i+1,j} - \bar{I}_{i-1,j})$

$\bar{I}_{i,j} = \frac{1}{3}(I_{i,j-1}+I_{i,j}+I_{i,j+1})$

なので

$$I_{i,j} \rightarrow \frac{1}{2\varepsilon}(\bar{I}_{i+1,j} - \bar{I}_{i-1,j})$$

$$= \frac{1}{2\varepsilon}\left\{\frac{1}{3}(I_{i+1,j-1}+I_{i+1,j}+I_{i+1,j+1}) - \frac{1}{3}(I_{i-1,j-1}+2I_{i-1,j}+I_{i-1,j+1})\right\}$$

$$= \frac{1}{6\varepsilon}(I_{i+1,j-1}+I_{i+1,j}+I_{i+1,j+1}-I_{i-1,j-1}-I_{i-1,j}-I_{i-1,j+1})$$

を得る．

［図 7.6(b)の導出］ 図 7.6(b)のオペレータによる積和演算は，次の 2 つの操作の合成関数 $G_y \circ S'_y$ として求めればよい．

$G_y : I_{i,j} \rightarrow I'_{i,j}$

ここに，$I'_{i,j} = \frac{1}{2\varepsilon}(I_{i,j+1} - I_{i,j-1})$

$S'_y : I_{i,j} \rightarrow \bar{I}_{i,j}$

ここに，$\bar{I}_{i,j} = \frac{1}{3}(I_{i-1,j}+I_{i,j}+I_{i+1,j})$

すなわち

$G_y \circ S_y : I_{i,j} \rightarrow \bar{I}'_{i,j}$

ここに $\bar{I}'_{i,j} = \frac{1}{2\varepsilon}(\bar{I}_{i,j+1} - \bar{I}_{i,j-1})$

$\bar{I}_{i,j} = \frac{1}{3}(I_{i-1,j}+I_{i,j}+I_{i+1,j})$

よって

$$\bar{I}'_{i,j} = \frac{1}{2\varepsilon}\left\{\frac{1}{3}(I_{i-1,j+1}+I_{i,j+1}+I_{i+1,j+1}) - \frac{1}{3}(I_{i-1,j-1}+I_{i,j-1}+I_{i+1,j-1})\right\}$$

$$= \frac{1}{6\varepsilon}(I_{i-1,j+1} + I_{i,j+1} + I_{i+1,j+1} - I_{i-1,j-1} - I_{i,j-1} - I_{i+1,j-1})$$

を得る．これは図 7.6(b)のマスク表現と一致している．

(3) 省略．各自自由に作成されたい．

［参考］ 過去に提案された 1 次微分オペレータのリストが文献 1) 52 頁にある．

7.4 (1) 画素 $I_{i,j}(=I(x, y))$ に対して，図 7.7(a)～(c)のオペレータを施すと，それぞれ次のようになる．

$$(\mathrm{a}):\frac{1}{\varepsilon^2}\{I_{i-1,j} + I_{i,j-1} + I_{i,j+1} + I_{i+1,j} - 4I_{i,j}\}$$

$$= \frac{1}{\varepsilon^2}\{I(x-\varepsilon, y) + I(x, y-\varepsilon) + I(x, y+\varepsilon) + I(x+\varepsilon, y) - 4I(x, y)\}$$

$$(\mathrm{b}):\frac{1}{2\varepsilon^2}\{I_{i-1,j-1} + I_{i-1,j+1} + I_{i+1,j-1} + I_{i+1,j+1} - 4I_{i,j}\}$$

$$= \frac{1}{2\varepsilon^2}\{I(x-\varepsilon, y-\varepsilon) + I(x-\varepsilon, y+\varepsilon) + I(x+\varepsilon, y-\varepsilon) + I(x+\varepsilon, y+\varepsilon) - 4I(x, y)\}$$

$$(\mathrm{c}):\frac{1}{3\varepsilon^2}\{I_{i-1,j-1} + I_{i-1,j} + I_{i-1,j+1} + I_{i,j-1} + I_{i,j+1} + I_{i+1,j-1} + I_{i+1,j} + I_{i+1,j+1} - 8I_{i,j}\}$$

$$= \frac{1}{3\varepsilon^2}\{I(x-\varepsilon, y-\varepsilon) + I(x-\varepsilon, y) + I(x-\varepsilon, y+\varepsilon) + I(x, y-\varepsilon) + I(x, y+\varepsilon) + I(x+\varepsilon, y-\varepsilon) + I(x+\varepsilon, y) + I(x+\varepsilon, y+\varepsilon) - 8I(x, y)\}$$

これらの各項をテイラー展開（すなわち右辺の各項に式（7.31）の関係を適用）し，整理することにより

$$(\mathrm{a})\text{の右辺} = \left\{\left(\frac{\partial^2}{\partial x^2} + \frac{\partial^2}{\partial y^2}\right) + \frac{\varepsilon^2}{12}\left(\frac{\partial^4}{\partial x^4} + \frac{\partial^4}{\partial y^4}\right) + \boldsymbol{O}(\varepsilon^4)\right\} I(x, y)$$

$$(\mathrm{b})\text{の右辺} = \left\{\left(\frac{\partial^2}{\partial x^2} + \frac{\partial^2}{\partial y^2}\right) + \frac{\varepsilon^2}{12}\left(\frac{\partial^4}{\partial x^4} + 6\frac{\partial^4}{\partial x^2 \partial y^2} + \frac{\partial^4}{\partial y^4}\right) + \mathcal{O}(\varepsilon^4)\right\} I(x, y)$$

$$(\mathrm{c})\text{の右辺} = \left\{\left(\frac{\partial^2}{\partial x^2} + \frac{\partial^2}{\partial y^2}\right) + \frac{\varepsilon^2}{12}\left(\frac{\partial^4}{\partial x^4} + 4\frac{\partial^4}{\partial x^2 \partial y^2} + \frac{\partial^4}{\partial y^4}\right) + \mathcal{O}(\varepsilon^4)\right\} I(x, y)$$

となることを容易に確かめることができる．

(2) さまざまな解法があるが，たとえば，以下の関係が成立することを利用すればよい．

$$\frac{2}{3}\times\Bigl\{\underbrace{\left(\frac{\partial^2}{\partial x^2}+\frac{\partial^2}{\partial y^2}\right)+\frac{\varepsilon^2}{12}\left(\frac{\partial^4}{\partial x^4}+\frac{\partial^4}{\partial y^4}\right)+\mathcal{O}(\varepsilon^4)}_{\text{図 7.7(a) のオペレータの出力}}\Bigr\}$$

$$+\frac{1}{3}\times\Bigl\{\underbrace{\left(\frac{\partial^2}{\partial x^2}+\frac{\partial^2}{\partial y^2}\right)+\frac{\varepsilon^2}{12}\left(\frac{\partial^4}{\partial x^4}+6\frac{\partial^4}{\partial x^2\partial y^2}+\frac{\partial^4}{\partial y^4}\right)+\mathcal{O}(\varepsilon^4)}_{\text{図 7.7(b) のオペレータの出力}}\Bigr\}$$

$$=\underbrace{\left(\frac{\partial^2}{\partial x^2}+\frac{\partial^2}{\partial y^2}\right)+\frac{\varepsilon^2}{12}\left(\frac{\partial^2}{\partial x^2}+\frac{\partial^2}{\partial y^2}\right)^2+\mathcal{O}(\varepsilon^4)}_{\text{求めるオペレータの出力}}$$

すなわち，図 7.7(a) と (b) のオペレータを線形結合（(a) の 2/3 倍＋(b) の 1/3 倍）すれば，直ちに求める 2 次微分オペレータが得られる．

$$\frac{2}{3}\left\{\frac{1}{\varepsilon^2}(I_{i-1,j}+I_{i,j-1}+I_{i,j+1}+I_{i+1,j}-4I_{i,j})\right\}$$

$$+\frac{1}{3}\left\{\frac{1}{2\varepsilon^2}(I_{i-1,j-1}+I_{i-1,j+1}+I_{i+1,j-1}+I_{i+1,j+1}-4I_{i,j})\right\}$$

$$=\frac{1}{6\varepsilon^2}(I_{i-1,j-1}+4I_{i-1,j}+I_{i-1,j+1}+4I_{i,j-1}+4I_{i,j+1}+I_{i+1,j-1}$$

$$+4I_{i+1,j}+I_{i+1,j+1}-20I_{i,j})$$

上式をマスク表現すると，次のようになる．

$\frac{1}{6\varepsilon^2}$

1	4	1
4	−20	4
1	4	1

参考文献

1章

1）立川照二：からくり，p. 86，法政大学出版局，1973

2）上記 1)p. 100

3）I. A. Kapandji (萩島秀男監訳)： カパンディ・関節の生理学，p. 81，医歯薬出版，1996

4）ロルフ・ヴィルヘード（金子公宥他訳）：目で見る動きの解剖学，p. 13，大修館書店，1992

5）真島英信：生理学，p. 54，文光堂，1986

6）上記 3），p. 91，（図 34，35）

7）上記 3），p. 93

8）久保田競：手と脳，p. 56，紀伊国屋書店，1991

9）池田光男：眼はなにを見ているか，p. 11，平凡社，1990

10）Shimon Y. Nof (Ed.): Handbook of Industrial Robotics, p. 1125, John Wiley and Sons,1985

2章〜5章

1）吉川恒夫：ロボット制御基礎論，コロナ社，1988

2）広瀬茂男：ロボット工学，裳華房，1996

3）川崎晴久：ロボット工学の基礎，森北出版，1991

4）H. Asada and J. E. Slotine : Robot Analysis and Control, John Wiley and Sons, 1986

5）有本　卓：ロボットの力学と制御，朝倉書店，1990

6）J. E. Slotine and W. Li : Applied Nonlinear Control, Prentice-Hall,1991

7）R. P. Paul : Robot Manipulators, The MIT Press, 1981

8）J. J. Craig : Introduction to Robotics-Mechanism and Control, Addison-Wesley, 1986

9）S. Joo and F. Miyazaki : Development of Variable RCC and Its Application", Proc. IEEE/RSJ Int. Conf. on Intelligent Robots and Systems, 98, pp. 1326-1332, 1998

6章

1）中村仁彦：非ホロノミックロボットシステム 第1回 非ホロノミックなロボットって何？，日本ロボット学会誌，Vol. 11，No. 4，pp. 521-528，1993
2）高野政晴：車輪移動機構のABC：第4回運動学，日本ロボット学会誌，Vol. 13，No. 3，pp. 355-360，1995
3）中村仁彦：非ホロノミックロボットシステム第2回幾何学的な非ホロノミック拘束の下での運動計画，日本ロボット学会誌，Vol. 11，No. 5，pp. 655-662，1993
4）Yutaka Kanayama, Yoshihiko Kimura, Fumio Miyazaki, and Tetsuo Noguchi：A Stable Control Method for a Non-Holonomic Mobile Robot, Proc. of IEEE/RSJ International Workshop on Intelligent Robots and Systems IROS' 91, Vol. 3, pp. 1236-1241, 1991
5）津村俊弘：ビークルオートメーションにおける位置決定方法，システムと制御，Vol. 25，No. 3，pp. 134-141，1981
6）新井健生，中野栄二：移動車搭載型位置方向計測装置の開発と性能評価，計測自動制御学会論文集，Vol. 18，No. 10，pp. 1013-1020，1982
7）津村俊弘，藤原直史，橋本雅文，唐　騰：レーザ灯台を用いた移動体の位置・方位測定法，日本ロボット学会誌，Vol.2，No.6，pp. 557-565，1984
8）畑　剛，泉　達司，川口淳一郎：航空・宇宙における制御，コロナ社，1999
9）中川　徹，小柳義夫：最小二乗法による実験データ解析 — プログラムSALA，東京大学出版会，1982

7章

1）谷内田正彦：ロボットビジョン，昭晃堂，1990
2）B. K. P. Horn（NTTヒューマンインタフェース研究所プロジェクトRVT訳），ロボットビジョン—機械は世界をどう視るか，朝倉書店，1993
3）手塚慶一，北橋忠広，小川秀夫：ディジタル画像処理工学，日刊工業新聞社，1985
4）美濃導彦：並列画像処理，コロナ社，1999
5）D. Marr（乾　敏郎，安藤広志訳）：ビジョン—視覚の計算理論と脳内表現，産業

図書，1987
6）白井良明（編）：ロボット工学，オーム社，1999
7）米田桂三，多賀保志，森　俊夫：統計学の応用と演習—実際例を中心として，同文書院，1981
8）神部　勉：偏微分方程式，講談社，1987

索　　引

〈著者紹介〉

宮崎 文夫（みやざき　ふみお）
1977年　大阪大学大学院基礎工学研究科修士課程修了
専門分野　ロボティクス
現　　在　大阪大学名誉教授，工学博士

升谷 保博（ますたに　やすひろ）
1988年　大阪大学大学院基礎工学研究科博士前期課程終了
専門分野　ロボティクス
現　　在　大阪電気通信大学総合情報学部教授，工学博士

西川　敦（にしかわ　あつし）
1995年　大阪大学大学院基礎工学研究科博士後期課程修了
専門分野　バイオ・メディカルロボティクス
現　　在　大阪大学大学院基礎工学研究科教授，工学博士

機械システム入門シリーズ ⑪

ロボティクス入門

検印廃止

2000 年 10 月 25 日　初版 1 刷発行
2023 年 2 月 25 日　初版 9 刷発行

発行者　南條光章

発行所　**共立出版株式会社**
〒112-0006 東京都文京区小日向4丁目6番19号
電話 03-3947-2511　振替 00110-2-57035
URL www.kyoritsu-pub.co.jp

印刷：加藤文明社／製本：ブロケード

NDC 530, 548.3／Printed in Japan

一般社団法人
自然科学書協会
会員

ISBN 978-4-320-08086-7